建筑施工特种作业人员培训教材

建筑施工现场场内压路机司机

建筑施工特种作业人员培训教材编委会　组织编写

中国建筑工业出版社

图书在版编目（CIP）数据

建筑施工现场场内压路机司机/建筑施工特种作业
人员培训教材编委会组织编写. —北京：中国建筑工
业出版社，2019.7（2022.8 重印）
建筑施工特种作业人员培训教材
ISBN 978-7-112-23952-8

Ⅰ.①建…　Ⅱ.①建…　Ⅲ.①建筑工程-施工现场-
压路机-技术培训-教材　Ⅳ.①TU66

中国版本图书馆 CIP 数据核字（2019）第 131946 号

本书详细介绍了压路机的基本知识与操作规范等内容，书中配图
丰富，语言通俗易懂，适合压路机司机及相关管理人员阅读。本书分
为两部分，共十章。第一部分为公共基础知识，包括职业道德、建筑
施工特种作业人员和管理、建筑施工安全生产相关法规及管理制度、
建筑施工安全防护基本知识、施工现场消防基本知识、施工现场应急
救援基本知识；第二部分为专业基础知识，包括压路机结构与工作原
理、压路机驾驶与作业、压路机的维护和保养、职业规范与安全
管理。

责任编辑：杜　川　李　明　李　杰
责任校对：焦　乐

建筑施工特种作业人员培训教材
建筑施工现场场内压路机司机
建筑施工特种作业人员培训教材编委会　组织编写
*
中国建筑工业出版社出版、发行（北京海淀三里河路 9 号）
各地新华书店、建筑书店经销
北京红光制版公司制版
廊坊市海涛印刷有限公司印刷
*
开本：850×1168 毫米　1/32　印张：4⅛　字数：119 千字
2019 年 10 月第一版　　2022 年 8 月第三次印刷
定价：**18.00** 元
ISBN 978-7-112-23952-8
（34123）

建筑施工特种作业人员
培训教材编委会

主　　任：高　峰

副 主 任：王宇旻　陈海昌

委　　员：金　强　朱利闽　朱　青　刘钦燕　张丽娟

　　　　　陈晓苏　马　记　曹　俊　杜景鸣　查继明

　　　　　高海明　周保建　樊路军　李朝蓬　王尚龙

　　　　　张鹏程　何红阳

本书编审委员会

主　　编：樊路军

副 主 编：李朝蓬

编写成员：王尚龙

（本系列教材公共基础知识编写成员：金　强　朱利闽

　　朱　青　刘　辉）

审　　稿：佘强夫

前　　言

　　《中华人民共和国安全生产法》规定："生产经营单位的特种作业人员必须按照国家有关规定经专门的安全作业培训，取得相应资格，方可上岗作业"。建筑施工特种作业人员是指在房屋建筑和市政工程施工活动中，从事可能对本人、他人及周围设备设施的安全造成重大危害作业的人员。作为建设行业高危工种之一，其从业直接关系建筑施工质量安全，直接关系公民生命、财产安全和公共安全。

　　为进一步紧贴建筑施工特种作业人员职业素质和适岗能力的实际需要，编写委员会组织编写了《建筑电工》《建筑架子工》《附着式升降脚手架架子工》《建筑起重信号司索工》等24个工种的系列教材。该套教材既是相关工种培训考核的指导用书，又是一线建筑施工特种作业人员的实用工具书。

　　本套教材在编写过程中，得到了江苏省相关专家和部门的大力支持，在此一并表示感谢！因编者水平有限，难免会存在疏漏和不足之处，真诚希望广大同行和读者给予批评指正。

编者

二〇一九年五月

目　　录

第一部分　公共基础知识

第一部分　公共基础知识

第一章　职 业 道 德

第一节　道德的含义和基本内容

1. 道德的含义

道德是一种社会意识形态，是人们共同生活及其行为的准则与规范。

意识形态除了道德以外，还包括政治、法律、艺术、宗教、哲学和其他社会科学等意识形态，是对事物的理解、认知，对事物的感观思想，是观念、观点、概念、思想、价值观等要素的总和。如：对生命的认识和观点；对金钱物质的看法等。

道德往往代表着社会的正面价值取向，起到判断行为正当与否的作用。道德是以善恶为标准，通过社会舆论、内心信念和传统习惯来评价人的行为，调整人与人之间以及个人与社会之间相互关系的行动规范的总和。

2. 道德与法纪的关系

遵守道德是指按照社会道德规范行事，不做损害他人的事。遵守法纪是指遵守纪律和法律，按照规定行事，不违背纪律和法律的规定条文。法纪与道德既有区别也有联系，它们是两种重要的社会调控手段。

（1）法纪属于社会制度范畴，而道德属于社会意识形态范畴。道德侧重于自我约束，是行为主体"应当"的选择，依靠人们的内心信念、传统习惯和社会舆论发挥其作用，不具有强制力；而法纪则侧重于国家或组织的强制手段，是国家或组织制定和颁布，用以调整、约束和规范人们行为的权威性规则。

（2）遵守法纪是遵守道德的最低要求。道德一般又可分为两类：第一类是社会有序化要求的道德，是维系社会稳定所必不可少的最低限度的道德，如不得暴力伤害他人、不得用欺诈手段谋取利益、不得危害公共安全等；第二类是那些有助于提高生活质量、增进人与人之间紧密关系的原则，如博爱、无私、乐于助人、不损人利己等。第一类道德有时也会上升为法纪，通过制裁、处分或奖励的方法得以推行。而第二类道德是对人性较高要求的道德，一般不宜转化为法纪，需要通过教育、宣传和引导等手段来推行。法纪是道德的演化产物，其内容是道德范畴中最基本的要求，因此遵纪守法是遵守道德的最低要求。

（3）遵守道德是遵守法纪的坚强后盾。首先，法纪应包含最低限度的道德，没有道德基础的法纪，是无法获得人们的尊重和自觉遵守的。其次，道德对法纪的实施有保障作用，"徒善不足以为政，徒法不足以自行"，执法者职业道德的提高，守法者的法律意识、道德观念的加强，都对法纪的实施起着推动的作用。再者，道德又对法纪有补充作用，有些不宜由法纪调整的，或本应由法纪调整但因立法的滞后而尚"无法可依"的，道德约束往往就起到了必要的补充作用。

3. 公民道德的基本内容

公民道德主要包括社会公德、职业道德、家庭美德及个人品德四个方面。

（1）社会公德。公德是指与国家、组织、集体、民族、社会等有关的道德，社会公德是社会道德体系的社会层面，是维护社会公共生活正常进行的最基本的道德要求，是全体公民在社会交往和公共生活中应该遵循的行为准则，涵盖了人与人、人与社会、人与自然之间的关系。以文明礼貌、助人为乐、爱护公物、保护环境、遵纪守法为主要内容的社会公德，旨在鼓励人们在社会上做一个好公民。

（2）职业道德。职业道德是人们在职业生活中应当遵循的基本道德，是职业品德、职业纪律、专业能力及职业责任等的总称，它通过公约、守则等对职业生活中的某些方面加以规范。职业道德涵盖了从业人员与服务对象、职业与职工、职业与职业之间的关系；它既是对从业人员在职业活动中的行为要求，又是本行业对社会所承担的道德责任和义务。以爱岗敬业、诚实守信、办事公道、服务群众、奉献社会为主要内容的职业道德，旨在鼓励人们在工作中做一个好的建设者。

（3）家庭美德。家庭美德是调节家庭成员之间、邻里之间以及家庭与国家、社会、集体之间的行为准则，也是评价人们在恋爱、婚姻、家庭、邻里之间交往中的行为是非、善恶的标准。以尊老爱幼、男女平等、夫妻和睦、勤俭持家、邻里团结为主要内容的家庭美德，旨在鼓励人们在家庭生活里做一个好成员。

（4）个人品德。个人品德是一定社会的道德原则和规范在个人思想和行为中的体现，是一个人在其道德行为整体中所表现出来的比较稳定的、一贯的道德特点和倾向。个人品德是每个公民个人修养的体现，现代人应树立关爱、善待和宽厚的理念，对他人、对社会、对自然有关爱之心、善待之举和宽厚情怀。个人品德的内容包括很多，比如正直善良、谦虚谨慎、团结友爱、言行一致等。

社会公德、职业道德、家庭美德、个人品德这四个方面是一个有机的统一体，其外延由大到小，内涵由浅到深，共同构成一个完善的道德体系。在"四德"建设中，人的能动性及个人品德建设是至关重要的，个人品德的修养是树立道德意识、规范言行举止、建设和谐家庭、做好模范工作、维护社会和谐的基础。只有个人具备优良品德修养才能由己及人，才能由己及家庭、集体和社会。正确处理个人与社会、竞争与协作、经济效益与社会效益等关系，树立尊重人、理解人、关心人的理念，发扬社会主义人道主义精神，提倡为人民为社会多做好事、体现社会主义制度优越性、促进社会主义市场经济健康有序发展的良好道德风尚。

党的十八大对未来我国道德建设也做出了重要部署，强调依法治国和以德治国相结合，加强社会公德、职业道德、家庭美德、个人品德教育，弘扬中华传统美德，倡导时代新风，指出了道德修养的"四位一体"性。十八大报告中"推进公民道德建设工程，弘扬真善美、贬斥假恶丑，引导人们自觉履行法定义务、社会责任、家庭责任，营造劳动光荣、创造伟大的社会氛围，培育知荣辱、讲正气、作奉献、促和谐的良好风尚"，强调了社会氛围和社会风尚对公民道德品质的塑造；"深入开展道德领域突出问题专项教育和治理，加强政务诚信、商务诚信、社会诚信和司法公信建设"，突出了"诚信"这个道德建设的核心。

第二节　职业道德的基本特征和主要作用

1. 职业道德的概念

职业道德是指所有从业人员在职业活动中应该遵循的行为准则，是一定职业范围内的特殊道德要求，即整个社会对从业人员的职业观念、职业态度、职业技能、职业纪律和职业作风等方面的行为标准和要求。

职业道德是随着社会分工的发展，并出现相对固定的职业集团时产生的，人们的职业生活实践是职业道德产生的基础。特定的职业不但要求人们具备特定的知识和技能，而且要求人们具备特定的道德观念、情感和品质。各种职业集团，为了维护职业利益和信誉，适应社会的需要，从而在职业实践中，根据一般社会道德的基本要求，逐渐形成了职业道德规范。

职业道德是对从事这个职业所有人员的普遍要求，它不仅是所有从业人员在其职业活动中行为的具体表现，同时也是本职业对社会所负的道德责任与义务，是社会公德在职业生活中的具体化。每个从业人员，不论是从事哪种职业，在职业活动中都要遵守职业道德，如现代中国社会中教师要遵守教书育人、为人师表的职业道德，医生要遵守救死扶伤的职业道德，企业经营者要遵守诚实守信、公平竞争、合法经营的职业道德等。

具体来讲，职业道德的含义主要包括以下八个方面：

（1）职业道德是一种职业规范，普遍受社会的认可。

（2）职业道德是长期以来自然形成的。

（3）职业道德没有确定的形式，通常体现为观念、习惯、信念等。

（4）职业道德依靠文化、内心信念和习惯，通过职工的自律来实现。

（5）职业道德大多没有实质的约束力和强制力。

（6）职业道德的主要内容是对职业人员义务的要求。

（7）职业道德标准多元化，代表了不同企业可能具有不同的价值观。

（8）职业道德承载着企业文化和凝聚力，影响深远。

2. 职业道德的基本特征

职业道德是从业人员在一定的职业活动中应遵循的、具有自身职业特征的道德要求和行为规范。职业道德具有以下几个特点：

（1）普遍性。从业者应当共同遵守基本职业道德行为规范，且在全世界的所有职业者都有着基本相同的职业道德规范。

（2）行业性。职业道德具有适用范围的有限性，每种职业都担负着一定的职业责任和职业义务，由于各种职业的职业责任和义务不同，从而形成各自特定的职业道德的具体规范。职业道德的内容与职业实践活动紧密相连，反映着特定职业活动对从业人员行为的道德要求。

（3）继承性。职业道德具有发展的历史继承性，由于职业具有不断发展和世代延续的特征，不仅其技术世代延续，其管理员工的方法、与服务对象打交道的方式，也有一定历史继承性。在长期实践过程中形成的职业道德内容，会被作为经验和传统继承下来，如"有教无类""学而不厌，诲人不倦"，从古至今都是教师的职业道德。

（4）实践性。一个从业者的职业道德知识、情感、意志、信念、觉悟、良心等都必须通过职业的实践活动，在自己的行为中表现出来，并且接受行业职业道德的评价和自我评价。

（5）多样性。职业道德表达形式多种多样，不同的行业和不同的职业，有不同的职业道德标准，且表现形式灵活。职业道德的表现形式总是从本职业的交流活动实际出发，采用诸如制度、守则、公约、承诺、誓言、条例等形式，以至标语口号之类来加以体现，既易于为从业人员所接受和实行，而且便于形成一种职业的道德习惯。

（6）自律性。从业者通过对职业道德的学习和实践，逐渐培养成较为稳固的职业道德品质，良好的职业道德形成以后，又会在工作中逐渐形成行为上的条件反射，自觉地选择有利于社会、有利于集体的行为，这种自觉就是通过自我内心职业道德意识、觉悟、信念、意志、良心的主观约束控制来实现的。

（7）他律性。道德行为具有受舆论影响的特征，在职业生涯中，从业人员随时都受到所从事职业领域的职业道德舆论的影响。实践证明，创造良好的职业道德社会氛围、职业环境，并通过职业道德舆论的宣传、监督，可以有效地促进人们自觉遵守职业道德，并实现互相监督，共同提升道德境界。

3. 职业道德的主要作用

在现代社会里，人人都是服务对象，人人又都为他人服务。社会对人的关心、社会的安宁和人们之间关系的和谐，是同各个岗位上的服务态度、服务质量密切相关的。在构建和谐社会的新形势下，大力加强社会主义职业道德建设，具有十分重要的作用。

（1）加强职业道德是提高职业人员责任心的重要途径

职业道德要求把个人理想同各行各业、各个单位的发展目标结合起来，同个人的岗位职责结合起来，以增强员工的职业观念、职业事业心和职业责任感。职业道德要求员工在本职工作中不怕艰苦，勤奋工作，既要团结协作，又争个人贡献，既讲经济效益，又讲社会效益。加强职业道德要求紧密联系本行业本单位的实际，有针对性地解决存在的问题。

（2）加强职业道德是促进企业和谐发展的迫切要求

职业道德的基本职能是调节职能，一方面可以调节从业人员内部的关系，即运用职业道德规范约束职业内部人员的行为，促进职业内部人员的团结与合作，加强职业、行业内部人员的凝聚力；另一方面，职业道德又可以调节从业人员与服务对象之间的关系，用来塑造本职业从业人员的社会形象。

企业是具有社会性的经济组织，在企业内部存在着各种复杂的关系，这些关系既有相互协调的一面，也有矛盾冲突的一面，如果解决不好，将会影响企业的凝聚力。这就要求企业所有的员工具有较高的职业道德觉悟，从大局出发，光明磊落、相互谅解、相互宽容、相互信赖、同舟共济，而不能意气用事、互相拆台。企业内部上下级之间、部门之间、员工之间团结协作，使企业真正成为一个具有社会主义精神风貌的和谐集体。

（3）加强职业道德是提高企业竞争力的必要措施

当前市场竞争激烈，各行各业都讲经济效益，要求企业的经营者在竞争中不断开拓创新。但行业之间为了自身的利益，会产生很多新的矛盾，形成自我力量的抵消，倘一些企业的经营者在竞争中单纯追求利润、产值，不求质量，或者以次充好、以假乱真，不顾社会效益，损害国家、人民和消费者的利益，企业得到的只能是短暂的收益，失去的是消费者的信任，也就失去了生存和发展的源泉，难以在竞争的激流中屹立不倒。在企业中加强职业道德使得企业在追求自身利润的同时，又能创造好的社会效益，从而提升企业形象，赢得持久而稳定的市场份额；同时，也使企业内部员工之间相互尊重、相互信任、相互合作，从而提高企业凝聚力，企业方能在竞争中稳步发展。

（4）加强职业道德是个人健康发展的基本保障

市场经济对于职业道德建设有其积极一面，也有消极的一面，它的自发性、自由性、注重经济效益的特性，导致一些人"一切向钱看"，唯利是图，不择手段追求经济效益，从而走入歧途，断送前程。提高从业人员的道德素质，树立职业理想，增强职业责任感，形成良好的职业行为，抵抗物欲诱惑，不被利欲所熏心，才能脚踏实地在本行业中追求进步。在社会主义市场经济条件下，只有具备职业道德精神的从业人员，才能在社会中站稳脚跟，成为社会的栋梁之材，在为社会创造效益的同时，也保障了自身的健康发展。

（5）加强职业道德是提高全社会道德水平的重要手段

职业道德是整个社会道德的主要内容，它一方面涉及每个从业者如何对待职业，如何对待工作，同时也是一个从业人员的生活态度、价值观念的表现，是一个人的道德意识和道德行为发展到成熟阶段的体现，具有较强的稳定性和连续性。另一方面，职业道德也是一个职业集体甚至一个行业全体人员的行为表现，如果每个行业、每个职业集体都具备优良的道德，那么对整个社会道德水平的提高就会发挥重要作用。

第三节 建设行业职业道德建设

1. 加强职业道德建设，践行社会主义核心价值观

"国无德不兴，人无德不立。"习近平总书记指出："核心价值观，其实就是一种德，既是个人的德，也是一种大德，就是国家的德、社会的德。"因此，"必须加强全社会的思想道德建设，激发人们形成善良的道德意愿、道德情感，培育正确的道德判断和道德责任，提高道德实践能力尤其是自觉践行能力，引导人们向往和追求讲道德、尊道德、守道德的生活，形成向上的力量、向善的力量。"培育社会主义核心价值观，首先要培植一种有益于国家、社会、他人的道德。

党的十八大提出，倡导富强、民主、文明、和谐，倡导自由、平等、公正、法治，倡导爱国、敬业、诚信、友善，积极培

育和践行社会主义核心价值观。富强、民主、文明、和谐是国家层面的价值目标，自由、平等、公正、法治是社会层面的价值取向，爱国、敬业、诚信、友善是公民个人层面的价值准则。"富强、民主、文明、和谐；自由、平等、公正、法治；爱国、敬业、诚信、友善"，这 24 个字是社会主义核心价值观的基本内容。践行社会主义核心价值观对于道德建设具有重要的指导意义，而加强道德建设又对践行社会主义核心价值观发挥着基础性作用，两者互有联系，相辅相成。

建设行业是社会主义现代化建设中的一个十分重要的行业。工厂、住宅、学校、商店、医院、体育场馆、文化娱乐设施等的建设，都离不开建设行为，它以满足人民群众日益增长的物质文化生活需要为出发点。建设行业职业道德是社会主义核心价值观、社会主义道德规范在建设行业的具体体现。

2. 结合建设行业特点和现实，加强职业道德建设

（1）职业道德建设的行业特点

以建设行业中建筑为例，专业多、岗位多、从业人员多且普遍文化程度较低、综合素质相对不高；条件艰苦，任务繁重，露天作业、高空作业，常年日晒雨淋，生产生活场所条件艰苦，安全设施落后和不足，作业存在安全隐患，安全事故频发；施工涉及面大，人员流动性强，四海为家，四处奔波，难以接受长期定点的培训教育；工种之间联系紧密，各专业、各工种、各岗位前后延续共同完成工程的建设；具有较强的社会性，一座建筑物凝聚了多方面的努力，体现了其社会价值和经济价值。同时，随着国民经济的发展，建筑行业地位和作用也越来越重要，行业发展关乎国计民生。因此，对从业人员开展及时的、各类形式灵活多样的教育培训，提高道德素质、文化水平、专业知识和职业技能；结合行业特点，加强团结协作教育、服务意识教育和职业道德教育，一切为了社会广大人民和子孙后代的利益，坚持社会主义、集体主义原则，严谨务实，艰苦奋斗、多出精品优质工程，体现其社会价值和经济价值尤为重要。

（2）职业道德建设的行业现实

一个建筑物的诞生或一项工程的竣工需要有良好的设计、周密的施工、合格的建筑材料和严格的检验与监督。近几年来，出现设计结构不合理，计算偏差，不考虑相关因素的情况，埋下重大隐患；施工过程中秩序混乱；建筑材料伪劣产品层出不穷；金钱、人情关系扰乱工程安全质量监督，质量安全事故屡见不鲜。作为百年大计的工程建设产品，如果质量差，损失和危害将无法估量。例如5·12汶川大地震中某些倒塌的问题房屋，杭州地铁坍塌，上海、石家庄在建楼房倒塌事件等。造成这些问题的因素很多，但是道德因素是其中最重要的因素之一。再如，面对激烈的市场竞争，一些建筑企业为了拿到工程项目，使用各种手段，其中手段之一就是盲目压价，用根本无法完成工程的价格去投标。中标后就在设计、施工、材料等方面做文章，启用非法设计人员搞黑设计；施工中偷工减料；材料上买低价伪劣产品，最终，使建筑物的"百年大计"大大打了折扣。因此，大力加强建设行业职业道德建设，营造市场经济良好环境，经济效益和社会效益并重尤为紧迫。

3. 建设行业职业道德要求

根据住房和城乡建设部发布的《建筑业从业人员职业道德规范（试行)》，对建筑从业人员共同职业道德规范要求如下：

（1）热爱事业，尽职尽责

热爱建筑事业，安心本职工作，树立职业责任感和荣誉感，发扬主人翁精神，尽职尽责，在生产中不怕苦，勤勤恳恳，努力完成任务。

（2）努力学习，苦练硬功

努力学文化，学知识，刻苦钻研技术，熟练掌握本工种的基本技能，练就一身过硬本领。努力学习和运用先进的施工方法，钻研建筑新技术、新工艺、新材料。

（3）精心施工，确保质量

树立"百年大计、质量第一"的思想，按设计图纸和技术规范精心操作，确保工程质量，用优良的成绩树立建筑工人形象。

（4）安全生产，文明施工

树立安全生产意识，严格安全操作规程，杜绝一切违章作业现象，确保安全生产无事故。维护施工现场整洁，在争创安全文明标准化现场管理中作出贡献。

（5）节约材料，降低成本

发扬勤俭节约优良传统，在操作中珍惜一砖一木，合理使用材料，认真做好落手清、现场清，及时回收材料，努力降低工程成本。

（6）遵章守纪，维护公德

要争做文明员工，模范遵守各项规章制度，发扬团结互助精神，尽力为其他工种提供方便。

4. 特种作业人员职业道德核心内容

（1）安全第一

坚持"生产必须安全，安全为了生产"的意识，严格遵守操作规程。操作人员要强化安全意识，认真执行安全生产的法律、法规、标准和规范，严格执行操作规程和程序，杜绝一切违章作业，不野蛮施工，不乱堆乱扔。

（2）诚实守信

诚实守信作为社会主义职业道德的基本规范，是和谐社会发展的必然要求，它不仅是建设领域职工安身立命的基础，也是企业赖以生存和发展的基石。操作人员要言行一致，表里如一，真实无欺，相互信任，遵守诺言，忠实地履行自己应当承担的责任和义务。

（3）爱岗敬业

爱岗就是热爱自己的工作岗位，敬业就是要用一种恭敬严肃的态度对待自己的工作。操作人员应当热爱本职工作，不怕苦、不怕累，认真负责，集中精力，精心操作，密切配合其他工种施工，确保工程质量，使工程如期完成。这是社会对每个从业者的要求，更应当是每个从业者对自己的自觉约束。

（4）钻研技术

操作人员要努力学习科学文化知识，刻苦钻研专业技术，苦练硬功，扎实工作，熟练掌握本工作的基本技能，努力学习和运用先进的施工方法，精通本岗位业务，不断提高业务能力。

（5）保护环境

文明操作，防止损坏他人和国家财产。讲究施工环境优美，做到优质、高效、低耗。做到不乱排污水，不乱倒垃圾，不影响交通，不扰民施工。

第二章 建筑施工特种作业人员和管理

第一节 建筑施工特种作业

1. 建筑施工特种作业概念

建筑施工特种作业人员是指在房屋建筑和市政工程施工活动中，从事对本人、他人的生命健康及周围设施的安全可能造成重大危害的作业人员。

特种作业有着不同的危险因素，《中华人民共和国安全生产法》规定：生产经营单位的特种作业人员必须按照国家有关规定经专门的安全作业培训，取得相应资格，方可上岗作业。

2. 建筑施工特种作业工种

（1）住房和城乡建设部《建筑施工特种作业人员管理规定》（建质〔2008〕75号）所确定的建筑施工特种作业人员包括：

1）建筑电工。

2）建筑架子工。

3）建筑起重信号司索工。

4）建筑起重机械司机。

5）建筑起重机械安装拆卸工。

6）高处作业吊篮安装拆卸工。

7）经省级以上人民政府建设主管部门认定的其他特种作业。

（2）《江苏省建筑施工特种作业人员管理暂行办法》（苏建管质〔2009〕5号），规定了江苏省的建筑施工特种作业人员包括：

1）建筑电工。

2）建筑架子工。

3）建筑起重信号司索工。

4）建筑起重机械司机。

5）建筑起重机械安装拆卸工。

6）高处作业吊篮安装拆卸工。

7）建筑焊工。

8）建筑起重机械安装质量检验工。

9）桩机操作工。

10）建筑混凝土泵操作工。

11）建筑施工现场场内机动车司机。

12）其他特种作业人员。

目前，江苏省又将"建筑施工现场场内机动车司机"细分为："建筑施工现场场内叉车司机""建筑施工现场场内装载机司机""建筑施工现场场内翻斗车司机""建筑施工现场场内推土机司机""建筑施工现场场内挖掘机司机""建筑施工现场场内压路机司机""建筑施工现场场内平地机司机""建筑施工现场场内沥青混凝土摊铺机司机"等。

第二节　建筑施工特种作业人员

按照住房和城乡建设部与江苏省建设行政主管部门的规定，从事建筑施工特种作业的人员应当取得建筑施工特种作业人员操作资格证书，方可上岗从事相应作业。

1. 年龄及身体要求

年满 18 周岁且符合相应特种作业规定的年龄要求。

近 3 个月内经二级乙等以上医院体检合格且无听觉障碍、无色盲，无妨碍从事本工种的疾病（如癫痫病、高血压、心脏病、眩晕症、精神病和突发性昏厥症等）和生理缺陷。

2. 学历要求

初中及以上学历。其中，报考建筑起重机械安装质量检验工（塔式起重机、施工升降机）的人员，应符合下列条件之一：

（1）具有工程机械（建筑机械）类、电气类大专以上学历或工程机械（建筑机械）类、电气类、安全工程类助理工程师任职资格，并从事起重机设计、制造、安装调试、维修、操作、检验工作 2 年及其以上。

（2）具有工程机械（建筑机械）类、电气类中专、理工科（非起重专业）大专以上学历或工程机械（建筑机械）类、电气类、安全工程类技术员任职资格，并从事起重机设计、制造、安装调试、维修、操作、检验工作 3 年及其以上。

（3）具有高中学历并从事起重机设计、制造、安装调试、维修、操作、检验工作 5 年及其以上。

3. 考核要求

（1）报名

全省建筑施工特种作业人员考核、发证及管理系统集成在"江苏省建筑业监管信息平台 2.0"上。建筑施工企业人员可由企业统一组织通过监管信息平台直接报名，非建筑施工企业人员向所在地考核基地报名，填报相应工种，经市县建设（筑）主管部门资格审查合格后，到经省建设行政主管部门认定的建筑施工特种作业考核基地，进行培训后参加考核。

凡申请考核、延期复核、换证的人员均须进行二代身份证信息和指静脉信息采集。采集入库的二代身份证和指静脉信息，将作为今后个人进行考核、延期复核、换证、查验的依据，如信息不吻合，将影响上述有关事项的办理。

企业可自行采集本企业申报人员二代身份证信息，指纹信息须由申报人员至考核基地进行现场采集。

（2）考核

建筑施工特种作业人员考核包括安全技术理论和安全操作技能。

考核内容分掌握、熟悉、了解三类。其中掌握即要求能运用相关特种作业知识解决实际问题；熟悉即要求能较深理解相关特种作业安全技术知识；了解即要求具有相关特种作业的基本知识。

（3）考核办法

1）安全技术理论考核。采用无纸化网络闭卷考试方式，考试时间为 2 小时，实行百分制，60 分为合格。其中，安全生产基本知识占 25％，专业基础知识占 25％，专业技术理论占 50％。

2）安全操作技能考核。采用实际操作（或模拟操作）、口试等方式，考核实行百分制，70 分为合格。

3）参考人员在安全技术理论考核合格后，方可参加实际操作技能考核。同一工种的实操考核时间不得早于理论考核时间，在实际操作技能考核合格后，可以取得相应的建筑施工特种作业人员操作资格。

4. 发证

（1）按照住房和城乡建设部《建筑施工特种作业人员管理规定》（建质〔2008〕75 号）的规定，考核发证机关对于考核合格的，应当自考核结果公布之日起 10 个工作日内颁发资格证书。资格证书采用国务院建设主管部门统一规定的式样，由考核发证机关编号后签发。资格证书在全国通用。

（2）江苏省建设行政主管部门从 2017 年下半年开始，试行发放"电子证书"。此项工作得到了住房和城乡建设部的同意。2017 年 10 月 18 日，江苏省政务服务管理办公室与省住房和城乡建设厅联合发文《关于启用住房城乡建设领域从业人员考核合格电子证书使用的有关通知》（省政务办发〔2017〕66 号），文件规定从 2017 年 12 月 1 日起，全面启用电子证书，停发同名纸质证书。根据《中华人民共和国电子签名法》规定，可靠的电子证书具备与同名纸质证书相同效力。省住房和城乡建设厅核发的电子证书，各地在公共资源交易、资质核准予以认可。

（3）电子证书式样（图 2-1）

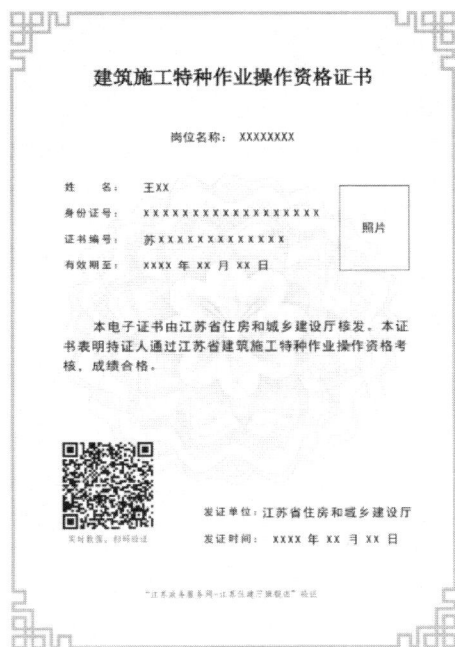

图 2-1　电子证书的样式

第三节　建筑施工特种作业人员的权利

1. 获得劳动安全卫生的保护权利

建筑施工特种作业人员有获得用人单位提供符合国家规定的劳动安全卫生条件和必要的劳动防护用品的权利；并且有要求按照规定获得职业病健康体检、职业病诊疗、康复等职业病防治服务的权利。

2. 对安全生产状况的知情、参与和建议的权利

建筑施工特种作业人员有获得所从事的特种作业，可能面临的任何潜在危险、职业危害，安全与健康可能造成的后果的知情权；有参与判别和解决所面临的劳动安全卫生问题的权利；有对本单位的安全生产和劳动安全卫生工作建议的权利。

3. 接受职业技能教育培训的权利

建筑施工特种作业人员有接受职业技能教育和安全生产知识培训的权利，以获得对工作环境、生产过程、机械设备和危险物质等方面的有关安全卫生知识。

4. 拒绝违章指挥和强令冒险作业的权利

建筑施工特种作业人员在单位领导或者有关工程技术人员违章指挥，或者在明知存在危险因素而没有采取安全保护措施，强迫命令操作人员作业时，有拒绝工作的权利。

5. 危险状态下的紧急避险权利

在生产劳动过程中，当发现危及作业人员生命安全的情况时，作业人员有权停止工作或者撤离现场。

6. 安全生产活动的监督与批评、检举、控告和申诉的权利

建筑施工特种作业人员对用人单位遵守劳动安全卫生法律法规和标准，履行保护工人安全健康的责任的情况，有监督的权利。对用人单位违反劳动安全卫生法律法规和标准，不履行其责任的情况，作业人员有批评、检举和控告的权利。在劳动保护等方面受到用人单位不公正待遇时，作业人员有向有关部门提出申诉的权利。

对作业人员的检举、控告和申诉，建设行政主管部门和其他有关部门应当查清事实，认真处理，不得压制和打击报复。

用人单位不得因作业人员对本单位安全生产工作提出批评、检举、控告或者拒绝违章指挥、强令冒险作业及向有关部门提出申诉而降低其工资、福利等待遇或者解除与其订立的劳动合同。

7. 依法获得工伤保险的权利

生产经营单位必须依法参加工伤社会保险，为从业人员缴纳保险费。建筑施工企业必须为从事危险作业的职工办理意外伤害保险，支付保险费。当作业人员发生工伤事故时，有权依法获得相关保险的权利。

第四节 建筑施工特种作业人员的义务

1. 遵守有关安全生产的法律、法规和规章的义务

建筑施工特种作业人员在施工活动中，应当遵守有关安全生产的法律、法规和规章。遵守建筑施工安全强制性标准和用人单位的规章制度，严格按照操作规程操作，做到不违规作业、不违章作业。

2. 提高职业技能和安全生产操作水平的义务

建筑施工特种作业人员面对建筑施工活动中的复杂性和多样性，要不断提高职业技能水平。在未上岗之前应参加岗前技能培训和安全生产操作能力的培训，掌握安全操作知识和技能，取得相应合格证书后方可上岗工作。已在工作岗位上的人员，还必须经常性地参加有关教育培训，熟练掌握本工种的各项安全操作技能，不断提高职业技能和安全生产操作水平。

3. 遵守劳动纪律的义务

建筑施工特种作业人员应严格遵守用人单位的劳动纪律。劳动纪律是用人单位为形成和维持生产经营秩序，保证劳动合同得以履行，要求全体员工在集体劳动、工作、生活过程中以及与劳动、工作紧密相关的其他过程中必须共同遵守的规则。

4. 发现事故隐患和其他不安全因素，立即报告的义务

建筑施工特种作业人员在施工现场直接承担具体的作业活动，更容易发现事故隐患或者其他不安全因素，一旦发现事故隐患或者其他不安全因素，作业人员应当立即向现场安全生产管理人员或者本单位负责人报告，不得隐瞒不报或者拖延报告。如果作业人员发现所报告的事故隐患或者其他不安全因素得不到解决，作业人员也可以越级上报。

5. 完成生产任务的义务

建筑施工特种作业人员完成合理的生产任务是应尽的义务，也是取得劳动报酬的基本条件。作业人员在完成合理生产任务的前提下，还应该保证质量，争做生产劳动的积极分子，为企业经济效益、为社会财富的积累、为国家的发展做出自己应有的贡献。

第五节　建筑施工特种作业人员的管理

根据住房和城乡建设部的规定，省、自治区、直辖市人民政府建设主管部门或者其委托的考核机构负责本行政区域内建筑施工特种作业人员的考核工作。

1. 建设行政主管部门的管理职责

（1）省建设行政主管部门的管理职责

1）负责全省范围内建筑施工特种作业人员的考核监督管理工作。

2）研究制定特种作业人员执业资格考核标准、考核大纲，建立相应工种的试题库。

3）认证特种作业人员执业资格考核基地。

4）负责特种作业人员执业资格考核工作的师资教育培训，监督管理考核考务工作。

5）负责特种作业人员执业证书的颁发和管理。

6）负责特种作业人员统计信息工作。

7）其他监督管理工作。

（2）受委托的市、县建设（筑）行政主管部门的管理职责

1）负责本行政区域内特种作业人员的监督管理工作，制定本地区特种作业人员考核发证管理制度，建立本地区特种作业人员档案。

2）负责考核基地的初审和考评人员的日常管理。

3）负责特种作业人员考核工作的组织实施。

4）负责特种作业人员考核、延期复核、换证的市、县分级审核。

5）负责特种作业人员执业继续教育。

6）负责特种作业人员的统计信息工作。

7）监督检查特种作业人员的从业活动，查处违章行为并记录在档。

8）其他监督管理工作。

2. 用人单位的管理职责

（1）用人单位对于首次取得执业资格证书的人员，应当在其正式上岗前安排不少于3个月的实习操作。实习操作期间，用人单位应当指定专人指导和监督作业。实习操作期满经用人单位考核合格方可独立作业（所指定的专人应当从已取得相应特种作业资格证书、从事相关工作3年以上、无不良记录的熟练工中选取）。

（2）与持有效执业资格证书的特种作业人员订立劳动合同。

（3）制定并落实本单位特种作业安全操作规程和安全管理制度。

（4）书面告知特种作业人员违章操作的危害。

（5）向特种作业人员提供齐全、合格的安全防护用品和安全的作业条件。

（6）组织或者委托有能力的培训机构对本单位特种作业人员进行年度安全生产教育培训或者继续教育，时间不少于24小时。

（7）建立本单位特种作业人员管理档案。

（8）查处特种作业人员违章行为并记录在档。

（9）法律法规及有关规定明确的其他职责。

3. 特种作业人员应履行的职责

（1）严格遵守国家有关安全生产规定和本单位的规章制度，按照安全技术标准、规范和规程进行作业。

（2）正确佩戴和使用安全防护用品，并按规定对作业工具和设备进行维护保养。

（3）在施工中发生危及人身安全的紧急情况时，有权立即停止作业或者撤离危险区域，并向施工现场专职安全生产管理人员和项目负责人报告。

（4）自觉参加年度安全教育培训或者继续教育，每年不得少于 24 小时。

（5）拒绝违章指挥，并制止他人违章作业。

（6）法律法规及有关规定明确的其他职责。

4. 特种作业人员资格证书的延期

建筑施工特种作业人员执业资格证书有效期为 2 年。有效期满需要延期的，持证人员本人应当在期满前 3 个月内，向原市县考核受理机关提出申请，市县建设行政主管部门初审后，向省建设行政主管部门申请办理延期复核相关手续。延期复核合格的，证书有效期延期 2 年。

（1）特种作业人员申请资格证书延期复核，应当提交下列材料：

1）延期复核申请表。

2）身份证（原件和复印件）。

3）近 3 个月内由二级乙等以上医院出具的体检合格证明。

4）年度安全教育培训证明和继续教育证明。

5）用人单位出具的特种作业人员管理档案记录。

6）规定提交的其他资料。

（2）特种作业人员在资格证书有效期内，有下列情形之一的，延期复核结果为不合格：

1）超过相关工种规定年龄要求的。

2）身体健康状况不再适应相应特种作业岗位的。

3）对生产安全事故负有直接责任的。

4）2 年内违章操作记录达 3 次（含 3 次）以上的。

5）未按规定参加年度安全教育培训或者继续教育的。

6）规定的其他情形。

（3）市县建设行政主管部门在接到特种作业人员提交的延期复核申请后，应当根据下列情况分别作出处理：

1）对于不符合延期复核申请相关情形的，市县建设行政主管部门自收到延期复核资料之日起 5 个工作日内作出不予延期决定，并说明理由。

2）对于提交资料齐全且符合延期复审申请相关情形的，省建设行政主管部门自收到市县建设行政主管部门延期复核相关手续之日起 10 个工作日内办理准予延期复核手续。

（4）省建设行政主管部门应当在资格证书有效期满前按相关规定作出决定，逾期未作出决定的，视为延期复核合格。

5. 特种作业人员资格证书的撤销与注销

（1）省建设行政主管部门对有下列情形之一的，应当撤销资格证书：

1）持证人弄虚作假骗取资格证书或者办理延期手续的。

2）工作人员违法核发资格证书的。

3）持证人员因安全生产责任事故承担刑事责任的。

4）规定应当撤销的其他情形。

（2）省建设行政主管部门对有下列情形之一的，应当注销资格证书：

1）按规定不予延期的。

2）持证人逾期未申请办理延期复核手续的。

3）持证人死亡或者不具有完全民事行为能力的。

4）本人提出要求的。

5）规定应当注销的其他情形。

6. 特种作业人员管理的其他要求

（1）持有特种作业资格证书的执业人员，应当受聘于建筑施工企业或者建筑起重机械出租单位（以下简称用人单位），方可从事相应的特种作业。

（2）任何单位和个人不得非法涂改、倒卖、出租、出借或者以其他形式转让资格证书。

（3）特种作业人员变动工作单位，任何单位和个人不得以任何理由非法扣押其执业资格证书。

（4）各地应当建立举报制度，公开举报电话或者电子信箱，受理有关特种作业人员考核、发证以及延期复核的举报。对受理的举报，有关机关和工作人员应当及时妥善处理。

第三章 建筑施工安全生产相关法规及管理制度

第一节 建筑安全生产相关法律主要内容

《中华人民共和国宪法》规定：国家通过各种途径，创造劳动就业条件，加强劳动保护，改善劳动条件，并在发展生产的基础上，提高劳动报酬和福利待遇。

劳动是一切有劳动能力的公民的光荣职责。国有企业和城乡集体经济组织的劳动者都应当以国家主人翁的态度对待自己的劳动。国家提倡社会主义劳动竞赛，奖励劳动模范和先进工作者。

1.《中华人民共和国建筑法》相关内容

（1）建筑活动应当确保建筑工程质量和安全，符合国家的建筑工程安全标准。

（2）从事建筑活动应当遵守法律、法规，不得损害社会公共利益和他人的合法权益。

（3）建筑工程安全生产管理必须坚持安全第一、预防为主的方针，建立健全安全生产的责任制度和群防群治制度。

（4）建筑施工企业应当在施工现场采取维护安全、防范危险、预防火灾等措施；有条件的，应当对施工现场实行封闭管理。

施工现场对毗邻的建筑物、构筑物和特殊作业环境可能造成损害的，建筑施工企业应当采取安全防护措施。

（5）建筑施工企业应当遵守有关环境保护和安全生产的法律、法规的规定，采取控制和处理施工现场的各种粉尘、废气、废水、固体废物以及噪声、振动对环境的污染和危害的措施。

（6）建筑施工企业必须依法加强对建筑安全生产的管理，执行安全生产责任制度，采取有效措施，防止伤亡和其他安全生产事故的发生。

建筑施工企业的法定代表人对本企业的安全生产负责。

（7）施工现场安全由建筑施工企业负责。实行施工总承包的，由总承包单位负责。分包单位向总承包单位负责，服从总承包单位对施工现场的安全生产管理。

（8）建筑施工企业应当建立健全劳动安全生产教育培训制度，加强对职工安全生产的教育培训；未经安全生产教育培训的人员，不得上岗作业。

（9）建筑施工企业和作业人员在施工过程中，应当遵守有关安全生产的法律、法规和建筑行业安全规章、规程，不得违章指挥或者违章作业。作业人员有权对影响人身健康的作业程序和作业条件提出改进意见，有权获得安全生产所需的防护用品。作业人员对危及生命安全和人身健康的行为有权提出批评、检举和控告。

（10）建筑施工企业应当依法为职工参加工伤保险缴纳工伤保险费。鼓励企业为从事危险作业的职工办理意外伤害保险，支付保险费。

（11）施工中发生事故时，建筑施工企业应当采取紧急措施减少人员伤亡和事故损失，并按照国家有关规定及时向有关部门报告。

2.《中华人民共和国安全生产法》相关内容

（1）生产经营单位必须遵守本法和其他有关安全生产的法律、法规，加强安全生产管理，建立、健全安全生产责任制和安全生产规章制度，改善安全生产条件，推进安全生产标准化建设，提高安全生产水平，确保安全生产。

（2）有关协会组织依照法律、行政法规和章程，为生产经营单位提供安全生产方面的信息、培训等服务，发挥自律作用，促进生产经营单位加强安全生产管理。

（3）国家实行生产安全事故责任追究制度，依照本法和有关法律、法规的规定，追究生产安全事故责任人员的法律责任。

（4）生产经营单位应当对从业人员进行安全生产教育和培训，保证从业人员具备必要的安全生产知识，熟悉有关的安全生产规章制度和安全操作规程，掌握本岗位的安全操作技能，了解事故应急处理措施，知悉自身在安全生产方面的权利和义务。未经安全生产教育和培训合格的从业人员，不得上岗作业。

（5）生产经营单位的特种作业人员必须按照国家有关规定经专门的安全作业培训，取得相应资格，方可上岗作业。

（6）生产经营单位应当建立健全生产安全事故隐患排查治理制度，采取技术、管理措施，及时发现并消除事故隐患。事故隐患排查治理情况应当如实记录，并向从业人员通报。

（7）承担安全评价、认证、检测、检验的机构应当具备国家规定的资质条件，并对其作出的安全评价、认证、检测、检验的结果负责。

（8）负有安全生产监督管理职责的部门应当建立举报制度，公开举报电话、信箱或者电子邮件地址，受理有关安全生产的举报；受理的举报事项经调查核实后，应当形成书面材料；需要落实整改措施的，报经有关负责人签字并督促落实。

（9）任何单位或者个人对事故隐患或者安全生产违法行为，均有权向负有安全生产监督管理职责的部门报告或者举报。

（10）新闻、出版、广播、电影、电视等单位有进行安全生产宣传教育的义务，有对违反安全生产法律、法规的行为进行舆论监督的权利。

3. 《中华人民共和国特种设备安全法》相关内容

（1）特种设备生产、经营、使用单位应当遵守本法和其他有关法律、法规，建立、健全特种设备安全和节能责任制度，加强特种设备安全和节能管理，确保特种设备生产、经营、使用安全，符合节能要求。

（2）任何单位和个人有权向负责特种设备安全监督管理的部

门和有关部门举报涉及特种设备安全的违法行为，接到举报的部门应当及时处理。

（3）特种设备生产、经营、使用单位及其主要负责人对其生产、经营、使用的特种设备安全负责。

特种设备生产、经营、使用单位应当按照国家有关规定配备特种设备安全管理人员、检测人员和作业人员，并对其进行必要的安全教育和技能培训。

（4）特种设备安全管理人员、检测人员和作业人员应当按照国家有关规定取得相应资格，方可从事相关工作。特种设备安全管理人员、检测人员和作业人员应当严格执行安全技术规范和管理制度，保证特种设备安全。

（5）特种设备使用单位应当建立岗位责任、隐患治理、应急救援等安全管理制度，制定操作规程，保证特种设备安全运行。

（6）特种设备使用单位应当建立特种设备安全技术档案。

安全技术档案应当包括以下内容：

1）特种设备的设计文件、产品质量合格证明、安装及使用维护保养说明、监督检验证明等相关技术资料和文件。

2）特种设备的定期检验和定期自行检查记录。

3）特种设备的日常使用状况记录。

4）特种设备及其附属仪器仪表的维护保养记录。

5）特种设备的运行故障和事故记录。

（7）特种设备的使用应当具有规定的安全距离、安全防护措施。

（8）特种设备使用单位应当对其使用的特种设备进行经常性维护保养和定期自行检查，并作出记录。

特种设备使用单位应当对其使用的特种设备的安全附件、安全保护装置进行定期校验、检修，并作出记录。

（9）特种设备使用单位应当按照安全技术规范的要求，在检验合格有效期届满前一个月向特种设备检验机构提出定期检验要求。

特种设备检验机构接到定期检验要求后，应当按照安全技术规范的要求及时进行安全性能检验。特种设备使用单位应当将定期检验标志置于该特种设备的显著位置。

未经定期检验或者检验不合格的特种设备，不得继续使用。

（10）特种设备安全管理人员应当对特种设备使用状况进行经常性检查，发现问题应当立即处理；情况紧急时，可以决定停止使用特种设备并及时报告本单位有关负责人。

特种设备作业人员在作业过程中发现事故隐患或者其他不安全因素，应当立即向特种设备安全管理人员和单位有关负责人报告；特种设备运行不正常时，特种设备作业人员应当按照操作规程采取有效措施保证安全。

（11）特种设备出现故障或者发生异常情况，特种设备使用单位应当对其进行全面检查，消除事故隐患，方可继续使用。

（12）负责特种设备安全监督管理的部门在依法履行监督检查职责时，可以行使下列职权：

1）进入现场进行检查，向特种设备生产、经营、使用单位和检验、检测机构的主要负责人和其他有关人员调查、了解有关情况。

2）根据举报或者取得的涉嫌违法证据，查阅、复制特种设备生产、经营、使用单位和检验、检测机构的有关合同、发票、账簿以及其他有关资料。

3）对有证据表明不符合安全技术规范要求或者存在严重事故隐患的特种设备实施查封、扣押。

4）对流入市场的达到报废条件或者已经报废的特种设备实施查封、扣押。

5）对违反本法规定的行为作出行政处罚决定。

（13）特种设备使用单位应当制定特种设备事故应急专项预案，并定期进行应急演练。

（14）特种设备发生事故后，事故发生单位应当按照应急预案采取措施，组织抢救，防止事故扩大，减少人员伤亡和财产损失，保护事故现场和有关证据，并及时向事故发生地县级以上人民政府负责特种设备安全监督管理的部门和有关部门报告。

与事故相关的单位和人员不得迟报、谎报或者瞒报事故情况，不得隐匿、毁灭有关证据或者故意破坏事故现场。

4.《中华人民共和国劳动合同法》相关内容

（1）用人单位自用工之日起即与劳动者建立劳动关系。用人单位应当建立职工名册备查。

（2）用人单位招用劳动者时，应当如实告知劳动者工作内容、工作条件、工作地点、职业危害、安全生产状况、劳动报酬，以及劳动者要求了解的其他情况；用人单位有权了解劳动者与劳动合同直接相关的基本情况，劳动者应当如实说明。

（3）用人单位招用劳动者，不得扣押劳动者的居民身份证和其他证件，不得要求劳动者提供担保或者以其他名义向劳动者收取财物。

（4）建立劳动关系，应当订立书面劳动合同。

已建立劳动关系，未同时订立书面劳动合同的，应当自用工之日起一个月内订立书面劳动合同。

用人单位与劳动者在用工前订立劳动合同的，劳动关系自用工之日起建立。

（5）劳动合同无效或者部分无效的情形：

1）以欺诈、胁迫的手段或者乘人之危，使对方在违背真实意思的情况下订立或者变更劳动合同的。

2）用人单位免除自己的法定责任、排除劳动者权利的。

3）违反法律、行政法规强制性规定的。

对劳动合同的无效或者部分无效有争议的，由劳动争议仲裁机构或者人民法院确认。

（6）用人单位应当按照劳动合同约定和国家规定，向劳动者及时足额支付劳动报酬。

用人单位拖欠或者未足额支付劳动报酬的，劳动者可以依法向当地人民法院申请支付令，人民法院应当依法发出支付令。

（7）用人单位应当严格执行劳动定额标准，不得强迫或者变相强迫劳动者加班。用人单位安排加班的，应当按照国家有关规定向劳动者支付加班费。

（8）劳动者拒绝用人单位管理人员违章指挥、强令冒险作业的，不视为违反劳动合同。

劳动者对危害生命安全和身体健康的劳动条件，有权对用人单位提出批评、检举和控告。

5. 《中华人民共和国刑法》相关内容

（1）【重大责任事故罪】在生产、作业中违反有关安全管理的规定，因而发生重大伤亡事故或者造成其他严重后果的，处三年以下有期徒刑或者拘役；情节特别恶劣的，处三年以上七年以下有期徒刑。

（2）【强令违章冒险作业罪】强令他人违章冒险作业，因而发生重大伤亡事故或者造成其他严重后果的，处五年以下有期徒刑或者拘役；情节特别恶劣的，处五年以上有期徒刑。

（3）【重大劳动安全事故罪】安全生产设施或者安全生产条件不符合国家规定，因而发生重大伤亡事故或者造成其他严重后果的，对直接负责的主管人员和其他直接责任人员，处三年以下有期徒刑或者拘役；情节特别恶劣的，处三年以上七年以下有期徒刑。

（4）【工程重大安全事故罪】建设单位、设计单位、施工单位、工程监理单位违反国家规定，降低工程质量标准，造成重大安全事故的，对直接责任人员，处五年以下有期徒刑或者拘役，并处罚金；后果特别严重的，处五年以上十年以下有期徒刑，并处罚金。

（5）【消防责任事故罪】违反消防管理法规，经消防监督机构通知采取改正措施而拒绝执行，造成严重后果的，对直接责任人员，处三年以下有期徒刑或者拘役；后果特别严重的，处三年以上七年以下有期徒刑。

（6）【不报、谎报安全事故罪】在安全事故发生后，负有报告职责的人员不报或者谎报事故情况，贻误事故抢救，情节严重的，处三年以下有期徒刑或者拘役；情节特别严重的，处三年以上七年以下有期徒刑。

第二节　建筑安全生产相关法规主要内容

1. 《建设工程安全生产管理条例》

该条例规定了施工单位的相关安全责任，包括：依法取得资质和承揽工程；建立健全安全生产制度和操作规程；保证本单位安全生产条件所需资金的投入；设立安全生产管理机构，配备专职安全生产管理人员；总承包单位对施工现场的安全生产负总责；总承包单位和分包单位对分包工程的安全生产承担连带责任；特种作业人员必须按照国家有关规定经过专门的安全作业培训，并取得特种作业操作资格证书；施工单位的施工组织设计及专项施工方案管理责任；建设工程施工安全技术交底责任；施工现场、办公、生活区安全文明管理责任；枏邻建筑物及环保管理责任；施工现场防火管理责任；施工作业人员安全防护及劳保管理责任；施工机械管理责任；施工单位的主要负责人、项目负责人、专职安全生产管理人员任职管理责任；施工单位对管理人员和作业人员的安全生产教育培训管理责任；施工单位为施工现场从事危险作业的人员办理意外伤害保险等相关安全责任。

相关内容：

（1）垂直运输机械作业人员、安装拆卸工、爆破作业人员、起重信号工、登高架设作业人员等特种作业人员，必须按照国家有关规定经过专门的安全作业培训，并取得特种作业操作资格证书后，方可上岗作业。

（2）施工单位应当在施工现场入口处、施工起重机械、临时用电设施、脚手架、出入通道口、楼梯口、电梯井口、孔洞口、桥梁口、隧道口、基坑边沿、爆破物及有害危险气体和液体存放处等危险部位，设置明显的安全警示标志。安全警示标志必须符合国家标准。

施工单位应当根据不同施工阶段和周围环境及季节、气候的变化，在施工现场采取相应的安全施工措施。施工现场暂时停止施工的，施工单位应当做好现场防护，所需费用由责任方承担，或者按照合同约定执行。

（3）施工单位应当向作业人员提供安全防护用具和安全防护服装，并书面告知危险岗位的操作规程和违章操作的危害。

作业人员有权对施工现场的作业条件、作业程序和作业方式中存在的安全问题提出批评、检举和控告，有权拒绝违章指挥和强令冒险作业。

在施工中发生危及人身安全的紧急情况时，作业人员有权立即停止作业或者在采取必要的应急措施后撤离危险区域。

2.《生产安全事故报告和调查处理条例》

该条例对事故报告、事故调查、事故等级及事故处理作出了如下规定：

（1）根据生产安全事故（以下简称事故）造成的人员伤亡或者直接经济损失，事故一般分为以下等级：

1）特别重大事故，是指造成30人（含30人）以上死亡，或者100人（含100人）以上重伤（包括急性工业中毒，下同），或者1亿元（含1亿元）以上直接经济损失的事故。

2）重大事故，是指造成10人（含10人）以上30人以下死亡，或者50人（含50人）以上100人以下重伤，或者5000万元（含5000万元）以上1亿元以下直接经济损失的事故。

3）较大事故，是指造成3人（含3人）以上10人以下死亡，或者10人（含10人）以上50人以下重伤，或者1000万元（含1000万元）以上5000万元以下直接经济损失的事故。

4）一般事故，是指造成3人以下死亡，或者10人以下重伤，或者1000万元以下直接经济损失的事故。

（2）事故发生后，事故现场有关人员应当立即向本单位负责人报告；单位负责人接到报告后，应当于1小时内向事故发生地县级以上人民政府安全生产监督管理部门和负有安全生产监督管理职责的有关部门报告。

情况紧急时，事故现场有关人员可以直接向事故发生地县级以上人民政府安全生产监督管理部门和负有安全生产监督管理职责的有关部门报告。

（3）事故调查组有权向有关单位和个人了解与事故有关的情况，并要求其提供相关文件、资料，有关单位和个人不得拒绝。

事故发生单位的负责人和有关人员在事故调查期间不得擅离职守，并应当随时接受事故调查组的询问，如实提供有关情况。

事故调查中发现涉嫌犯罪的，事故调查组应当及时将有关材料或者其复印件移交司法机关处理。

3.《特种设备安全监察条例》

（1）特种设备生产、使用单位应当建立健全特种设备安全、节能管理制度和岗位安全、节能责任制度。

特种设备生产、使用单位的主要负责人应当对本单位特种设备的安全和节能全面负责。

特种设备生产、使用单位和特种设备检验检测机构，应当接受特种设备安全监督管理部门依法进行的特种设备安全监察。

（2）特种设备出现故障或者发生异常情况，使用单位应当对其进行全面检查，消除事故隐患后，方可重新投入使用。

（3）特种设备使用单位应当对特种设备作业人员进行特种设备安全、节能教育和培训，保证特种设备作业人员具备必要的特种设备安全、节能知识。

特种设备作业人员在作业中应当严格执行特种设备的操作规程和有关的安全规章制度。

（4）特种设备作业人员在作业过程中发现事故隐患或者其他不安全因素，应当立即向现场安全管理人员和单位有关负责人报告。

第三节　建筑安全生产相关
规章及规范性文件主要内容

1. 《建筑起重机械安全监督管理规定》

（1）使用单位应当履行下列安全职责：

1）根据不同施工阶段、周围环境以及季节、气候的变化，对建筑起重机械采取相应的安全防护措施。

2）制定建筑起重机械生产安全事故应急救援预案。

3）在建筑起重机械活动范围内设置明显的安全警示标志，对集中作业区做好安全防护。

4）设置相应的设备管理机构或者配备专职的设备管理人员。

5）指定专职设备管理人员、专职安全生产管理人员进行现场监督检查。

6）建筑起重机械出现故障或者发生异常情况的，立即停止使用，消除故障和事故隐患后，方可重新投入使用。

（2）使用单位应当对在用的建筑起重机械及其安全保护装置、吊具、索具等进行经常性和定期的检查、维护和保养，并做好记录。

（3）禁止擅自在建筑起重机械上安装非原制造厂制造的标准节和附着装置。

（4）建筑起重机械特种作业人员应当遵守建筑起重机械安全操作规程和安全管理制度，在作业中有权拒绝违章指挥和强令冒险作业，有权在发生危及人身安全的紧急情况时立即停止作业或者采取必要的应急措施后撤离危险区域。

（5）建筑起重机械安装拆卸工、起重信号工、起重司机、司索工等特种作业人员应当经建设主管部门考核合格，并取得特种作业操作资格证书后，方可上岗作业。

省、自治区、直辖市人民政府建设主管部门负责组织实施建筑施工企业特种作业人员的考核。

2. 《危险性较大的分部分项工程安全管理办法》

该办法对危险性较大的分部分项工程，即房屋建筑和市政基础设施工程在施工过程中，容易导致人员群死群伤或者造成重大经济损失的分部分项工程的前期保障、专项施工方案、现场安全管理及监督管理明确了具体要求。

（1）施工单位应当在施工现场显著位置公告危大工程名称、施工时间和具体责任人员，并在危险区域设置安全警示标志。

（2）专项施工方案实施前，编制人员或者项目技术负责人应当向施工现场管理人员进行方案交底。

施工现场管理人员应当向作业人员进行安全技术交底，并由双方和项目专职安全生产管理人员共同签字确认。

（3）施工单位应当对危大工程施工作业人员进行登记，项目负责人应当在施工现场履职。

项目专职安全生产管理人员应当对专项施工方案实施情况进行现场监督，对未按照专项施工方案施工的，应当要求立即整改，并及时报告项目负责人，项目负责人应当及时组织限期整改。

施工单位应当按照规定对危大工程进行施工监测和安全巡视，发现危及人身安全的紧急情况，应当立即组织作业人员撤离危险区域。

（4）危大工程发生险情或者事故时，施工单位应当立即采取应急处置措施，并报告工程所在地住房和城乡建设主管部门。建设、勘察、设计、监理等单位应当配合施工单位开展应急抢险工作。

第四章　建筑施工安全防护基本知识

第一节　个人安全防护用品的使用

1. 安全帽

安全帽是对人的头部受坠落物及其他特定因素引起的伤害起防护作用的防护用品。由帽壳、帽衬、下颌带和帽箍等组成。

施工现场工人必须佩戴安全帽。

（1）安全帽的作用

主要是为了保护头部不受到伤害，并在出现以下几种情况时保护人的头部不受伤害或降低头部受伤害的程度。

1）飞来或坠落下来的物体击向头部时。

2）当作业人员从 2m 及以上的高处坠落下来时。

3）当头部有可能触电时。

4）在低矮的部位行走或作业，头部有可能碰到尖锐、坚硬的物体时。

（2）安全帽佩戴注意事项

安全帽的佩戴要符合标准，使用应符合规定。佩戴时要注意下列事项：

1）戴安全帽前应将调整带按自己头型调整到适合的位置，然后将帽内弹性带系牢。缓冲衬垫的松紧由带子调节，人的头顶和帽体内顶部的空间垂直距离一般在 25～50mm，这样才能保证当遭受到冲击时，帽体有足够的空间可供缓冲，平时也有利于头和帽体间的通风。

2）不要把安全帽歪戴，也不要把帽檐戴在脑后方，否则，会降低安全帽对于冲击的防护作用。

3）为充分发挥保护力，安全帽佩戴时必须按头围的大小调整帽箍并系紧下颌带。

4）安全帽体顶部除了在帽体内部安装了帽衬外，有的还开了小孔通风。但在使用时不要为了透气而随便再行开孔，因为这样会降低帽体的强度。

5）安全帽要定期检查。检查有没有龟裂、下凹、裂痕和磨损等情况，发现异常现象要立即更换，不准再继续使用。任何受过重击、有裂痕的安全帽，不论有无损坏现象，均应报废。

6）在现场室内作业也要戴安全帽，特别是在室内带电作业时，更要认真戴好安全帽，因为安全帽不但可以防碰撞，而且还能起到绝缘作用。

7）平时使用安全帽时应保持整洁，不能接触火源，不要任意涂刷油漆，不准当凳子坐。如果丢失或损坏，必须立即补发或更换，无安全帽一律不准进入施工现场。

2. 安全带

安全带是用于防止高处作业人员发生坠落或发生坠落后将作业人员安全悬挂的个体防护装备，主要由安全绳、缓冲器、主带、辅带等部件组成。

为了防止作业者在某个高度和位置上可能出现的坠落，作业者在登高和高处作业时，必须系挂好安全带。安全带的使用和维护有以下几点要求：

（1）高处作业施工前，应对作业人员进行安全技术教育及交底，并应配备相应防护用品。作业人员应从思想上重视安全带的作用，作业前必须按规定要求系好安全带。

（2）安全带在使用前要检查各部位是否完好无损，所有零部件应顺滑，无材料或制造缺陷，无尖角或锋利边缘。

（3）挂点强度应满足安全带的负荷要求，挂点不是安全带的组成部分，但同安全带的使用密切相关。高处作业如无固定挂点，应采用适当强度的钢丝绳或采取其他方法悬挂。禁止挂在移动或带尖锐棱角或不牢固的物件上。

（4）高挂低用。将安全带挂在高处，人在下面工作就叫高挂低用。它可以使坠落发生时的实际冲击距离减小。与之相反的是低挂高用。因为当坠落发生时，实际冲击的距离会加大，人和绳都要受到较大的冲击负荷。所以安全带必须高挂低用，严禁低挂高用。

（5）安全带保护套要保持完好，以防绳被磨损。若发现保护套损坏或脱落，必须加上新套后再使用。

（6）安全带严禁擅自接长使用。如果使用 3m 及以上的长绳时必须要加缓冲器，各部件不得任意拆除。

（7）安全带在使用后，要注意维护和保管。要经常检查安全带缝制部分和挂钩部分，必须详细检查捻线是否发生裂断和残损等。

（8）安全带不使用时要妥善保管，不可接触高温、明火、强酸、强碱或尖锐物体，不要存放在潮湿的仓库中保管。

（9）安全带在使用两年后应抽验一次，频繁使用应经常进行外观检查，发现异常必须立即更换。定期或抽样试验用过的安全带，不准再继续使用。

3. 防护服

建筑施工现场作业人员应穿着工作服。焊工的工作服一般为白色，其他工种的工作服没有颜色的限制。

（1）防护服的分类

建筑施工现场的防护服主要有以下几类：

1）全身防护型工作服。

2）防毒工作服。

3）耐酸工作服。

4）耐火工作服。

5）隔热工作服。

6）通气冷却工作服。

7）通水冷却工作服。

8）防射线工作服。

9）劳动防护雨衣。

10）普通工作服。

（2）防护服的穿着

施工现场对作业人员防护服的穿着要求主要有：

1）作业人员作业时必须穿着工作服。

2）操作转动机械时，袖口必须扎紧。

3）从事特殊作业的人员必须穿着特殊作业防护服。

4）焊工工作服应是白色帆布制作。

4. 防护鞋

防护鞋的种类比较多，应根据作业场所和内容的不同选择使用。电力建设施工现场上常用的有绝缘鞋（靴）、焊接防护鞋、耐酸碱橡胶靴及皮安全鞋等。

对绝缘鞋（靴）的要求有：

（1）必须在规定的电压范围内使用。

（2）绝缘鞋（靴）胶料部分无破损，且每半年作一次预防性试验。

（3）在浸水、油、酸、碱等条件上不得作为辅助安全用具使用。

5. 防护手套

使用防护手套时，必须对工件、设备及作业情况进行分析之后，选择适当材料制作、操作方便的手套，方能起到保护作用。施工现场上常用的防护手套有下列几种：

（1）劳动保护手套。具有保护手和手臂的功能，作业人员工作时一般都使用这类手套。

（2）带电作业用绝缘手套。要根据电压选择适当的手套，检查表面有无裂痕、发黏、发脆等缺陷，如有异常禁止使用。

（3）耐酸、耐碱手套。主要用于接触酸和碱时戴的手套。

（4）橡胶耐油手套。主要用于接触矿物油、植物油及脂肪簇的各种溶剂作业时戴的手套。

（5）焊工手套。电、火焊工作业时戴的防护手套，应检查皮革或帆布表面有无僵硬、薄挡、洞眼等残缺现象，如有缺陷，不准使用。手套要有足够的长度，手腕部不能裸露在外边。

第二节　安全色与安全标志

安全色和安全标志是国家规定的两个传递安全信息的标准。尽管安全色和安全标志是一种消极的、被动的、防御性的安全警告装置，并不能消除、控制危险，不能取代其他防范安全生产事故的各种措施，但它们形象而醒目地向人们提供了禁止、警告、指令、提示等安全信息，对于预防安全生产事故的发生具有重要作用。

1. 安全色的概念

安全色，就是传递安全信息含义的颜色，包括红、蓝、黄、绿四种颜色。对比色，是使安全色更加醒目的反衬色，包括黑、白两种颜色。对比色要与安全色同时使用。

安全色适用于工业企业、交通运输、建筑、消防、仓库、医院及剧场等公共场所使用的信号和标志的表面色，不适用于灯光信号、航海、内河航运以及其他目的而使用的颜色。

2. 安全色的含义

安全色的红、蓝、黄、绿四种颜色，分别代表不同的含义。

（1）红色。表示禁止、停止、危险以及消防设备的意思。凡是禁止、停止、消防和有危险的器件或环境均应涂以红色的标记作为警示的信号。

（2）蓝色。表示指令，要求人们必须遵守的规定。

（3）黄色。表示提醒人们注意。凡是警告人们注意的器件、设备及环境都应以黄色表示。

（4）绿色。表示给人们提供允许、安全的信息。

（5）对比色与安全色同时使用。

（6）安全色与对比色的相间条纹：

红色与白色相间条纹——表示禁止人们进入危险环境。

黄色与黑色相间条纹——表示提示人们特别注意的意思。

蓝色和白色相间条纹——表示必须遵守规定的意思。

绿色和白色相间条纹——与提示标志牌同时使用，更为醒目地提示人们。

3. 安全色的使用

安全色的使用范围很广，可以使用在安全标志上，也可以直接使用在机械设备上；可以在室内使用，也可以在户外使用。如红色的，各种禁止标志；黄色的，各种警告标志；蓝色的，各种指令标志；绿色的，各种提示标志等。

安全色有规定的颜色范围，超出范围就不符合安全色的要求。颜色范围所规定的安全色是最不容易互相混淆的颜色。对比色是为了使安全色更加醒目而采用的反衬色，它的作用是提高物体颜色的对比度。

4. 安全标志的概念

安全标志是用以表达特定安全信息的标志，由图形符号、安全色、几何图形（边框）或文字构成。

安全标志适用于工矿企业、建筑工地、厂内运输和其他有必要提醒人们注意安全的场所。使用安全标志，能够引起人们对不安全因素的注意，从而达到预防事故、保证安全的目的。但是，安全标志的使用只是起到提示、提醒的作用，它不能代替安全操作规程，也不能代替其他的安全防护措施。

5. 安全标志的种类

安全标志分禁止标志、警告标志、指令标志和提示标志四大类型。

（1）禁止标志。禁止标志的含义是禁止人们不安全行为的图形标志。其基本形式是带斜杠的圆边框，采用红色作为安全色。

（2）警告标志。警告标志的基本含义是提醒人们对周围环境引起注意，以避免可能发生危险的图形标志。其基本形式是正三角形边框，采用黄色作为安全色。

（3）指令标志。指令标志的含义是强制人们必须做出某种动作或采用防范措施的图形标志。其基本形式是圆形边框，采用蓝色作为安全色。

（4）提示标志。提示标志的含义是向人们提供某种信息（如标明安全设施或场所等）的图形标志。其基本形式是正方形边框，采用绿色作为安全色。

第三节　高处作业安全知识

1. 高处作业的基本概念

凡在坠落高度基准面 2m 及以上，有可能坠落的高处进行的作业，均称为高处作业。

2. 建筑施工高处作业常见形式及安全措施

（1）临边作业

临边作业是指在工作面边沿无围护或围护设施高度低于800mm 的高处作业，包括楼板边、楼梯段边、屋面边、阳台边及各类坑、沟、槽等边沿的高处作业。

1）进行临边作业时，应在临空一侧设置防护栏杆，并应采用密目式安全立网或工具式栏板封闭。

2）分层施工的楼梯口、楼梯平台和梯段边，应安装防护栏杆；外设楼梯口、楼梯平台和梯段边还应采用密目式安全立网封闭。

3）建筑物外围边沿处，应采用密目式安全立网进行全封闭，有外脚手架的工程，密目式安全立网应设置在脚手架外侧立杆上，并与脚手杆紧密连接；没有外脚手架的工程，应采用密目式安全立网将临边全封闭。

4）施工升降机、龙门架和井架物料提升机等各类垂直运输设备设施与建筑物间设置的通道平台两侧边，应设置防护栏杆、挡脚板，并应采用密目式安全立网或工具式栏板封闭。

5）各类垂直运输接料平台口应设置高度不低于 1.80m 的楼层防护门，并应设置防外开装置；多笼井架物料提升机通道中间，应分别设置隔离设施。

（2）洞口作业

洞口作业是指在地面、楼面、屋面和墙面等有可能使人和物料坠落，其坠落高度大于或等于 2m 的洞口处的高处作业。

在洞口作业时，应采取防坠落措施，并应符合下列规定：

1）当垂直洞口短边边长小于 500mm 时，应采取封堵措施；当垂直洞口短边边长大于或等于 500mm 时，应在临空一侧设置高度不小于 1.2m 的防护栏杆，并应采用密目式安全立网或工具式栏板封闭，设置挡脚板。

2）当非垂直洞口短边尺寸为 25～500mm 时，应采用承载力满足使用要求的盖板覆盖，盖板四周搁置应均衡，且应防止盖板移位。

3）当非垂直洞口短边边长为 500～1500mm 时，应采用专项设计盖板覆盖，并应采取固定措施。

4）当非垂直洞口短边边长大于或等于 1500mm 时，应在洞口作业侧设置高度不小于 1.2m 的防护栏杆，并应采用密目式安全立网或工具式栏板封闭；洞口应采用安全平网封闭。

5）电梯井口应设置防护门，其高度不应小于 1.5m，防护门底端距地面高度不应大于 50mm，并应设置挡脚板。

6）在进入电梯安装施工工序之前，同时井道内应每隔 10m 且不大于 2 层加设一道水平安全网。电梯井内的施工层上部，应设置隔离防护设施。

7）施工现场通道附近的洞口、坑、沟、槽、高处临边等危险作业处，除应悬挂安全警示标志外，夜间应设灯光警示。

8）边长不大于 500mm 洞口所加盖板，应能承受不小于 $1.1kN/m^2$ 的荷载。

9）墙面等处落地的竖向洞口、窗台高度低于 800mm 的竖向洞口及框架结构在浇筑完混凝土没有砌筑墙体时的洞口，应按临边防护要求设置防护栏杆。

（3）攀登作业

攀登作业是指借助登高用具或登高设施进行的高处作业。攀登作业应注意以下事项：

1）攀登的用具，结构构造上必须牢固可靠。

2）梯子底部应坚实，并有防滑措施，不得垫高使用，梯子的上端应有固定措施。

3）单梯不得垫高使用，使用时应与水平面成 75°夹角，踏步不得缺失，其间距宜为 300mm。当梯子需接长使用时，应有可靠的连接措施，接头不得超过 1 处。连接后梯梁的强度，不应低于单梯梯梁的强度。

4）固定式直爬梯应用金属材料制成。使用直爬梯进行攀登作业时，攀登高度以 5m 为宜，超过 8m 时，应设置梯间平台。

5）上下梯子时，必须面向梯子，且不得手持器物。

（4）交叉作业

交叉作业是指垂直空间贯通状态下，可能造成人员或物体坠落，并处于坠落半径范围内、上下左右不同层面的立体作业。交叉作业时应注意以下事项：

1）各工种进行上下立体交叉作业时，不得在同一垂直方向上操作。下层作业的位置，必须处于依上层高度确定的可能坠落的半径范围之外，不符合以上条件时，应设安全防护棚。

2）钢模板、脚手架拆除时，下方不得有人施工。

3）模板拆除后，临边堆放处离楼层边沿不应小于 1m，堆放高度不得超过 1m，楼层边口、通道口、脚手架边缘等处，严禁堆放任何物件。

4）结构施工自 2 层起，凡人员进出的通道口（包括井架、施工电梯的进出通道口），均应搭设双层防护棚。

5）在建建筑物旁或在塔机吊臂回转半径范围之内的主要通道、临时设施、钢筋、木工作业区等必须搭设双层防护棚。

第五章　施工现场消防基本知识

第一节　施工现场消防知识概述及常用消防器材

1. 施工现场消防知识概述

我国消防工作实行预防为主、消防结合的方针。按照政府统一领导、部门依法监管、单位全面负责、公民积极参与的原则，实行消防安全责任制，建立健全社会化的消防工作网络。

建设工程施工现场的防火，必须遵循国家有关方针、政策，针对不同施工现场的火灾特点，立足自防自救，采取可靠防火措施，做到安全可靠、经济合理、方便适用。

燃烧的发生必须具备三个条件，即：可燃物、助燃物和着火源。因此，制止火灾发生的基本措施包括：

（1）控制可燃物，以难燃或不燃的材料代替易燃或可燃的。

（2）隔绝空气，使用易燃物质的生产应在密闭的设备中进行。

（3）消除着火源。

（4）阻止火势蔓延，在建筑物之间筑防火墙，设防火间距，防止火灾扩大。

2. 建筑施工现场消防器材的配置和使用

（1）在建工程及临时用房的下列场所应配置灭火器：

1）易燃易爆危险品存放及使用场所。

2）动火作业场所。

3）可燃材料存放、加工及使用场所。

4）厨房操作间、锅炉房、发电机房、变配电房、设备用房、办公用房、宿舍等临时用房。

5）其他具有火灾危险的场所。

（2）建筑施工现场常用灭火器及使用方法

1）泡沫灭火器。药剂：筒内装有碳酸氢钠、发沫剂、硫酸铝溶液。用途：适用于扑救油脂类、石油产品及一般固体初起的火灾；不适用于扑救忌水化学品和电气火灾。使用方法：手指堵住喷嘴，将筒体上下颠倒 2 次，打开开关，药剂即喷出。

2）干粉灭火器。药剂：钢筒内装有钾盐或钠盐粉，并备有盛装压缩气体的小钢瓶。用途：适用于扑救石油及其产品、可燃气体和电气设备初起的火灾。使用方法：提起筒，拔掉保险销环，干粉即可喷出。

3）二氧化碳灭火器。药剂：瓶内装有压缩或液态的二氧化碳。用途：主要适用于扑救贵重设备、档案资料、仪器仪表、600V 以下的电器及油脂等火灾；禁止使用二氧化碳灭火器灭火的物品有，遇有燃烧物品中的锂、钠、钾、铯、锶、镁、铝粉等。使用方法：拔掉安全销，一手拿好喇叭筒对着火源，另一手压紧压把打开开关即可。

4）酸碱灭火器。用途：主要适用于扑救竹、木、棉、毛、草、纸等一般初起火灾，但对忌水的化学物品、电气、油类不宜用。

（3）消火栓、消防水带、消防水枪

消火栓按安装区域分为室内、室外消火栓两种；按安装位置分为地上式与地下式消火栓两种；按消防介质分为有水和泡沫消火栓两种。消火栓应在任意时刻均处于工作状态。

1）消防水带应配相对口径的水带接口方能使用。水带接口装置于水带两端，用于水带与水带、消火栓或水枪之间的连接，以便进行输水或水和泡沫混合液，其接口为内扣式。

2）水枪是装在水带接口上，起射水作用的专用部件。各种水枪的接口形式均为内扣式。

3）消火栓的开关位置在其顶部，必须用专用扳手操作，其顶盖上有开关标志符。

使用时应先安好消防水带，之后打开消火栓上封盖把水带固定好，然后再打开消火栓。在使用消火栓灭火时，必须两人以上操作，当水带充满水后，一人拿枪，一人配合移动消防水带。

第二节　施工现场消防管理制度及相关规定

施工现场的消防安全由施工单位负责。实行施工总承包的，应由总承包单位负责。分包单位向总承包单位负责，并应服从总承包单位的管理，同时应承担国家法律、法规规定的消防责任和义务。施工现场建立消防管理制度，落实消防责任制和责任人员，建立义务消防队，定期对有关人员进行消防教育，落实消防措施。

1. 施工现场消防管理制度

（1）施工单位应编制施工现场灭火及应急疏散预案。灭火及应急疏散预案应包括下列主要内容：

1）应急灭火处置机构及各级人员应急处置职责。

2）报警、接警处置的程序和通信联络的方式。

3）扑救初起火灾的程序和措施。

4）应急疏散及救援的程序和措施。

（2）施工人员进场时，施工现场的消防安全管理人员应向施工人员进行消防安全教育和培训。消防安全教育和培训应包括下列内容：

1）施工现场消防安全管理制度、防火技术方案、灭火及应急疏散预案的主要内容。

2）施工现场临时消防设施的性能及使用、维护方法。

3）扑灭初起火灾及自救逃生的知识和技能。

4）报警、接警的程序和方法。

（3）施工作业前，施工现场的施工管理人员应向作业人员进行消防安全技术交底。消防安全技术交底应包括下列主要内容：

1）施工过程中可能发生火灾的部位或环节。

2）施工过程应采取的防火措施及应配备的临时消防设施。

3）初起火灾的扑救方法及注意事项。

4）逃生方法及路线。

（4）施工过程中，施工现场的消防安全负责人应定期组织消防安全管理人员对施工现场的消防安全进行检查。消防安全检查应包括下列主要内容：

1）可燃物及易燃易爆危险品的管理是否落实。

2）动火作业的防火措施是否落实。

3）用火、用电、用气是否存在违章操作，电、气焊及保温防水施工是否执行操作规程。

4）临时消防设施是否完好有效。

5）临时消防车道及临时疏散设施是否畅通。

2. 施工现场消防管理规定

（1）施工现场动火作业

1）动火作业应办理动火许可证，动火许可证的签发人收到动火申请后，应前往现场查验并确认动火作业的防火措施落实后，再签发动火许可证。

2）动火操作人员应具有相应资格。

3）焊接、切割、烘烤或加热等动火作业前，应对作业现场的可燃物进行清理；作业现场及其附近无法移走的可燃物应采用不燃材料覆盖或隔离。

4）施工作业安排时，宜将动火作业安排在使用可燃建筑材料施工作业之前进行，确需在可燃建筑材料施工作业之后进行动火作业的，应采取可靠的防火保护措施。

5）裸露的可燃材料上严禁直接进行动火作业。

6）焊接、切割、烘烤或加热等动火作业应配备灭火器材，并应设置动火监护人进行现场监护，每个动火作业点均应设置1个监护人。

7）五级（含五级）以上风力时，应停止焊接、切割等室外动火作业，确需动火作业时，应采取可靠的挡风措施。

8）动火作业后，应对现场进行检查，并应在确认无火灾危险后，动火操作人员再离开。

（2）施工现场用电

1）电气线路应具有相应的绝缘强度和机械强度，禁止使用绝缘老化或失去绝缘性能的电气线路，严禁在电气线路上悬挂物品。破损、烧焦的插座、插头应及时更换。

2）电气设备与可燃、易燃易爆和腐蚀性物品应保持一定的安全距离。

3）距配电盘 2m 范围内不得堆放可燃物，5m 范围内不应设置可能产生较多易燃、易爆气体、粉尘的作业区。

4）可燃库房不应使用高热灯具，易燃易爆危险品库房内应使用防爆灯具。

5）电气设备不应超负荷运行或带故障使用。

（3）施工现场用气

1）储装气体罐瓶及其附件应合格、完好和有效；严禁使用减压器及其他附件缺损的氧气瓶，严禁使用乙炔专用减压器、回火防止器及其他附件缺损的乙炔瓶。

2）气瓶应保持直立状态，并采取防倾倒措施，乙炔瓶严禁横躺卧放。

3）严禁碰撞、敲打、抛掷、溜坡或滚动气瓶。

4）气瓶应远离火源，与火源的距离不应小于 10m，并应采取避免高温和防止暴晒的措施。

5）气瓶应分类储存，库房内应通风良好；空瓶和实瓶同库存放时，应分开放置，两者间距不应小于 1.5m。

6）瓶装气体使用前，应检查气瓶及气瓶附件的完好性，检查连接气路的气密性，并采取避免气体泄漏的措施，严禁使用已老化的橡皮气管。

7）氧气瓶与乙炔瓶的工作间距不应小于 5m，气瓶与明火作业点的距离不应小于10m。

8）冬季使用气瓶，气瓶的瓶阀、减压阀等发生冻结时，严禁用火烘烤或用铁器敲击瓶阀，严禁猛拧减压器的调节螺栓。

9）氧气瓶内剩余气体的压力不应小于0.1MPa，气瓶用后应及时归库。

第六章　施工现场应急救援基本知识

第一节　生产安全事故应急
救援预案管理相关知识

1. 生产安全事故应急救援预案的概念

生产安全事故应急救援预案是为了有效预防和控制可能发生的事故，最大限度减少事故及其损害而预先制定的工作方案。它是事先采取的防范措施，将可能发生的等级事故损失和不利影响减少到最低的有效方法。

2. 建筑施工企业生产安全事故应急救援预案的管理

施工单位的应急救援预案应经专家评审或者论证后，由企业主要负责人签署发布。施工项目部的安全事故应急救援预案在编制完成后报施工企业审批。

建筑工程施工期间，施工单位应当将生产安全事故应急救援预案在施工现场显著位置公示，并组织开展本单位的应急救援预案培训交底活动，使有关人员了解应急救援预案的内容，熟悉应急救援职责、应急救援程序和岗位应急救援处置方案。

建筑施工单位应当制定本单位的应急预案演练计划，根据本单位的事故预防重点，每年至少组织一次综合应急预案演练或者专项应急预案演练，每半年至少组织一次现场处置方案演练。

第二节　现场急救基本知识

1. 施工现场应急救护要点

（1）对骨伤人员的救护

1）不能随便搬动伤者，以免不正确的搬动（或移动）给伤者带来二次伤害。例如凡是胸、腰椎骨折者，头、颈部外伤者，不能任意搬动，尤其不能屈曲。

2）在需要搬动时，用硬板固定受伤部位后方可搬动。

3）用担架搬运时，要使伤员头部向后，以便后面抬担架的人可以随时观察其伤情变化。

（2）对眼睛伤害人员的救护

1）眼有异物时，千万不要自行用力眨眼睛，应通过药水、泪水、清水冲洗，仍不能把异物冲掉时，才能扒开眼睑，仔细小心清除眼里异物，如仍无法清除异物或伤势较重时，应立即到医院治疗。

2）当化学物质（如砌筑用的石灰膏）进入眼内，立即用大量的清水冲洗。冲洗时要扒开眼睑，使水能直接冲洗眼睛，要反复冲洗，时间至少 15min 以上。在无人协助的情况下，可用一盆水，双眼浸入水中，用手分开眼睑，做睁眼、闭眼、转动并立即到医院做必要的检查和治疗。

（3）心肺复苏术

心肺复苏术，是在建筑工地现场对呼吸心跳骤停病人给予呼吸和循环支持所采取的急救，急救措施如下：

1）畅通气道：托起患者的下颌，使病人的头向后仰，如口中有异物，应先将异物排除。

2）口对口人工呼吸：捏闭病人的鼻孔，深吸气后先连续快速向病人口内吹气 4 次，吹气频率以每分钟 2～16 次。如遇特殊情况（牙关紧闭或外伤），可采用口对鼻人工呼吸。

3）胸外心脏按压：双手放在病人胸骨的下 1/3 段（剑突上

两根指），有节奏地垂直向下按压胸骨干段，成人按压的深度为胸骨下陷 4～5cm 为宜。一般按压 15 次，吹气 2 次。

4）胸外心脏按压和口对口吹气需要交替进行。最好有两个人同时参加急救，其中一个人作口对口吹气。

（4）外伤常用止血方法

1）一般止血法：凡出血较少的伤口，可在清洗伤口后盖上一块消毒纱布，并用绷带或胶布固定即可。

2）指压止血法：可用干净的布（没有布可以用手）直接按压伤口，直到不出血为止。

3）加压包扎止血法：用纱布、棉花等垫放在伤口上，用较大的力进行包扎，并尽量抬高受伤部位。加压时力量也不可过大或扎得过紧，如以免引起受伤部位局部缺血造成坏死。

2. 建筑施工现场主要事故类型及救援常识

（1）触电事故及救援常识

1）发现有人触电时，不要直接用手去拖拉触电者，应首先迅速拉电闸断电，现场无电电闸时，使用木方等不导电的材料或用干衣服包严双手，将触电者拖离电源。

2）根据触电者的状况进行现场人工急救（如心肺复苏），并迅速向工地负责人报告或报警。

（2）火灾事故及救援常识

1）最早发现者应立即大声呼救，并根据情况立即采取正确方法灭火。当判断火势无法控制时，要迅速报警并向有关人员报告。

2）根据火灾的影响范围，迅速把无关人员疏散到指定的消防安全区。作业区发生火灾时，可采用建筑物内楼梯、外脚手架上下梯、离火灾现场较远的外施工电梯等疏散人员。不得使用离火灾现场较近的外施工电梯，严禁使用室内电梯疏散人员。

3）当火势无法控制时，要及时采取隔离火源措施，及时搬出附近的易燃易爆物以及贵重物品，防止火势蔓延到有易燃易爆物品或存放贵重物品的地点。当有可能发生气瓶爆炸或火势已无法控制且危及人员生命安全时，迅速将救火人员撤离到安全地方，等待专职消防队救援或采取其他必要措施。

4）火灾逃生自救知识原则

如果发现火势无法控制，应保持镇静，判断危险地点和安全地点，决定逃生方法和路线，尽快撤离危险地。

通过浓烟区逃生时，如无防毒面具等护具，可用湿毛巾等捂住口鼻，并尽可能贴近地面，以匍匐姿势快速前进，如有条件可向头部、身上浇冷水或用湿毛巾、湿棉被、湿毯子等将头、身裹好再冲出去。

（3）易燃易爆气体泄漏事故应急常识

1）最早发现者应立即大声呼救，并向有关人员报告或报警。根据情况立即采取正确方法施救，如尝试采取关闭阀门、堵漏洞等措施截断、控制泄漏，若无法控制，应迅速撤离。

2）在气体泄漏区内严禁使用手机、电话或启动电气设备，并禁止一切产生明火或火花的行为。

3）疏散无关人员，迅速远离危险区域，治安保卫人员要迅速建立禁区，严禁无关人员进入。同时停止附近的作业。

4）在未有安全保障措施的情况下，不要盲目行动，应等待公安消防队或其他专业救援队伍处理。

（4）发现坍塌预兆或坍塌事故应急常识

1）发现坍塌预兆时，发现者应立即大声呼唤，停止作业，迅速疏散人员撤离现场，并向项目部报告。待险情排除，并得到有关人员同意后，方可重新进入现场作业。

2）当事故发生后，发现者应立即大声呼救，同时向有关人员报告或报警。项目部根据情况立即采取措施组织抢救，同时向上级部门报告。

3）迅速判断事故发展状态和现场情况，采取正确应急控制措施，判断清楚被掩埋人员位置，立即组织人员全力挖掘抢救。

4）在救护过程中要防止二次坍塌伤人，必要时先对危险的地方采取一定的加固措施。

5）按照有关救护知识，立即救护抢救出来的伤员，在等待医生救治或送往医院抢救过程中，不要停止和放弃施救。

（5）有毒气体中毒事故应急常识

1）最早发现者应立即大声呼救，向有关人员报告或报警，如原因明确应立即采取正确方法施救，但决不可盲目救助。

2）迅速查明事故原因和判断事故发展状态，采取正确方法施救。

如中毒事故必须先通风或戴好防毒面具方可救人；如缺氧，则要戴好有供氧的防毒面具才可救人。

3）救出伤员后按照有关救护知识，立即救护伤员，在等待医生救治或送往医院抢救过程中，不要停止和放弃施救，如采用人工呼吸，或输氧急救等。

4）现场不具备抢救条件时，立即向社会求救。

（6）高处坠落伤害急救常识

1）坠落在地的伤员，应初步检查伤情，不得随意搬动。

2）立即呼叫"120"急救医生前来救治。

3）采取初步急救措施：止血、包扎、固定。

4）注意固定颈部、胸腰部脊椎，搬运时保持动作一致平稳，避免伤员脊柱弯曲扭动加重伤情。

3. 施工现场报警注意事项

（1）按工地写出的报警电话，进行报警。

（2）报告事故类型。说明伤情（病情、火情、案情）等，以便救护人员事先做好急救的准备。如火灾报警时要尽量说明燃烧或爆炸物质、燃烧程度、人员伤亡、发生火灾楼层等情况。

（3）说明单位（或事故地）的电话或手机号码，以便救护车（消防车、警车）随时用电话通信联系。

（4）可用几部电话或手机，由数人同时向有关救援单位报警求救，以便各种救援单位都能以最快的速度到达事故现场。

第二部分 专业基础知识

第七章 压路机结构与工作原理

第一节 概 述

压路机是压实机械的一种。压实机械是一种利用机械自重、振动或冲击的方法，对被压实材料重复加载，排除其内部的空气和水分，使之达到一定密实度和平整度的作业机构。它广泛用于公路、铁路路基、机场跑道、堤坝及建筑物基础等基本建设工程的压实作业。

压实作业是道路建设和建筑工程基础施工中不可缺少的工序。压实的目的如下：消除土中的空隙、降低渗透性，减少因水的渗入而引起土的软化和膨胀，使土保持稳定状态；使路堤斜面保持稳定。在填方上保持足够的强度，以支承交通运输中所产生的负荷；减少填方在压力下产生的下沉量。

压实作业是诸多建筑工程基础施工的重要工序，它直接影响工程质量和使用寿命。

压路机是建设高速公路、高速铁路、机场、港口和建筑等工程的重要设备之一。在公路施工中，它多用于路基、路面的压实，是筑路施工中不可缺少的压实设备。

1. 压路机的分类

根据压实机械的工作原理、结构特点、传动形式、操作方法和用途的不同，压实机械有不同的分类方法。习惯上把压实机械分为压路机和夯实机两大类。压路机的分类，如表 7-1 所示。

分类依据	类别	
压实原理	静作用压路机	轮胎压路机
		光轮压路机
	振动压路机	手扶式振动压路机
		轮胎驱动式振动玉路机（凸块、光轮）
		两轮串联式振动压路机（铰接式、整体式）
		振荡式振动压路机
		拖式振动压路机
	组合式压路机	—
传动形式		机械传动压路机
		液压传动压路机
		液力机械传动压路机
操作方式		手扶式压路机
		拖式压路机
		自行式压路机
用途		基础压实用压路机
		沥青路面压实用压路机
		沟槽压实压路机
		边坡压实压路机

2. 压实原理

压实是通过施加外力使被压实材料提高压实度，以达到规定的强度、稳固性和平整度的要求的过程。

在压实过程中，土颗粒产生运动并重新组合，被迫排除积在土颗粒间的空气，粗颗粒土中的水也被排出。有效的压实使得被压实材料的压缩系数大大降低，支承能力提高，减少沉陷，且在提高土的压实度的同时获得较高的剪切强度。压实后，土的剪切强度大约能提高 40%，因而大大提高了被压实材料的承载能力，降低了渗水性。通过压实作业可以使车辆在行驶、动载荷的作用下和雨水、风雪的侵蚀下不致破坏，从而保证运输车辆的正常运行。

选用压实机械时，一方面要考虑被压实材料的性质、含水量、铺层厚度、环境温度和施工条件，另一方面还应考虑配套设备的生产能力，以提高其经济效益和社会效益。

土的压实原理可归纳为四种：静作用压实、冲击压实、振动压实和振荡压实，如图 7-1 所示。

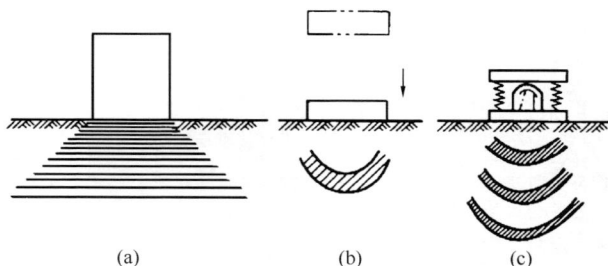

图 7-1　土的压实原理示意图
（a）静压压实；（b）冲击压实；（c）振动压实

（1）静力压实

静力压实机械利用机械自身重力产生的静滚压力作用，迫使被压实材料产生永久性变形而达到压实的目的。静力式压实机械广泛用于土方、砾石、碎石和沥青混凝土路面的压实作业中。静力压实机械包括光轮压路机和轮胎压路机。静力压实机械由于受机械自重的限制，其压实深度和密实度受到一定的局限，无限地增加静载荷，并不能得到相应的压实效果，反而会破坏表层土的结构。静力压实机械的特点是循环延续时间长，材料应力状态的变化速度不大，但应力较大。

（2）冲击压实

冲击压实机械又称夯实机械。其工作原理是利用自由落体产生的冲击力进行工作，主要用于作业量不大及狭小场地的压实作业，特别是对路肩、GBM 工程和道路维修养护工程等的压实作业。

（3）振动压实

振动压实使用快速、连续、反复冲击土的方式工作。振动压实的特点是其表面应力不大，过程时间短，加载频率大，同时还可以根据不同的铺筑材料和铺层厚度，合理选择振动频率和振幅，以提高压实效果，减少碾压遍数。振动压实机械可广泛使用于黏性小的砂土、土石填方、沥青混合料和水泥混凝土混合料等的压实。

（4）振荡压实

振荡压实是采用土力学土壤交变剪应力的原理，在碾轮内对称安装并同步旋转的激振偏心块（轴），使碾滚承受变扭矩，对地面持续作用，形成前后方向的振荡波，使被压实材料产生交变剪应变。在这种水平激振力和滚轮垂直静载的共同作用下，实现对被压实材料在水平和垂直两个方向的压实。

如图 7-2 所示，为振动压实与振荡压实原理的对比图。振荡压路机消除了振动压实因垂直振动和冲击给操作者和机械本身带来的危害，改善了工作条件，降低了能源消耗。正因为这种压路机所产生的激振力主要是沿行驶方向发生的，因此，特别适宜于建筑物群间的压实。

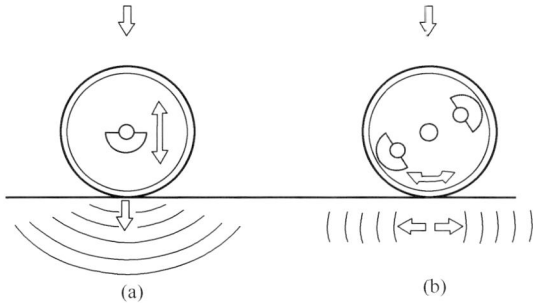

图 7-2　振动压实与振荡压实的原理
（a）振动压实；（b）振荡压实

3. 常用压路机性能参数

（1）静作用压路机主要性能参数有：发动机额定功率、整机质量（最大工作质量、最小工作质量）、行驶速度、最大爬坡能力、最小转弯半径、碾轮直径、碾压宽度、外形尺寸等。

（2）振动压路机主要性能参数有：发动机额定功率、激振力、振动频率、整机质量、行驶速度、最大爬坡能力、最小转弯半径、碾轮直径、碾压宽度、外形尺寸等。

4. 压路机常用油品

压路机常用油品按其工作性质可分为燃油、润滑油和工作油三类。

燃油有汽油和柴油两种，压路机一般为柴油发动机。车用柴油按凝点分为 7 个牌号：10 号车用柴油适用于有预热设备的发动机，5 号车用柴油适用于最低气温在 8℃ 以上的地区，0 号车用柴油适用于最低气温在 4℃ 以上的地区，－10 号车用柴油适用于最低气温在 －5℃ 以上的地区，－20 号车用柴油适用于最低气温在 －14℃ 以上的地区，－35 号车用柴油适用于最低气温在 －29℃ 以上的地区，－50 号车用柴油适用于最低气温在 －44℃ 以上的地区。

润滑油（润滑脂）具有五种功能，即润滑、冷却、密封、洗涤和防腐，其中润滑是最主要、最基本的功能。工程机械主要使用发动机机油、齿轮油、润滑脂等。国产润滑油都是以黏度来划分牌号的。

工作油主要有液压油、液力传动油和制动油三种。

第二节　压路机的结构与工作原理

压路机的结构因其压实原理的不同，其结构组成差别较大，因此，下面就以压实原理为分类依据分别介绍光轮压路机、轮胎压路机和振动压路机的结构和工作原理。

1. 光轮压路机

光轮压路机是使用范围最广的一种压实机械，它是借助自身质量对被压材料实现压实的，可以对路基、路面、广场和其他各类工程的地基进行压实。其工作过程是沿工作面进行反复的滚动，使被压实材料达到足够的承载力和平整度。

光轮压路机与振动压路机相比，具有容易操作，维修方便和噪声小等优点，但生产效率和压实质量不及振动压路机。

（1）分类

光轮压路机的分类方法很多，常见的分类方法是根据滚轮及轮轴数目进行分类。自行式光轮压路机可分为二轮二轴式、三轮二轴式和三轮三轴式三种，如图 7-3 所示。目前国产的自行式光轮压路机只有二轮二轴式和三轮二轴式两种。

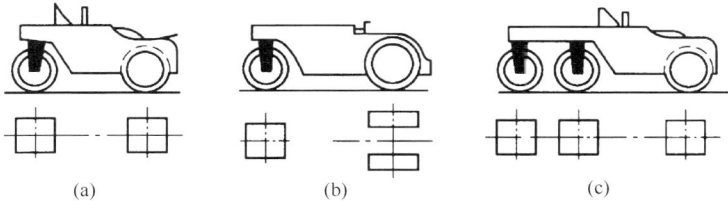

图 7-3　自行式光轮压路机按滚轮数和轴数分类
(a) 二轮二轴式；(b) 三轮二轴式；(c) 三轮三轴式

1）光轮压路机按整机质量可分为轻型、中型和重型三种。

轻型的质量为 5～8t，多为二轮二轴式，多用于压实路面、人行道和体育场等。中型的质量为 8～10t，包括二轮二轴式和三轮二轴式两种，前者大多数用于压实与压平各种路面，后者多用于压实路基、地基以及初压铺筑层。重型的质量为 10～15t 或 18～20t，有三轮二轴式和三轮三轴式两种，尤其适合于压实与压平沥青混凝土路面。另外，还有质量为 3～5t 的二轮二轴式小型压路机，主要用于养护路面、压实人行道等。

2）光轮压路机按车架结构形式可分为整体式和铰接式。

3）光轮压路机按传动形式可分为液压传动和机械传动。

（2）型号编制

压路机的型号编制应符合《工程机械　产品型号编制方法的规定》JB/T 9725—1999 中压实机械部分的规定，如图 7-4 所示。

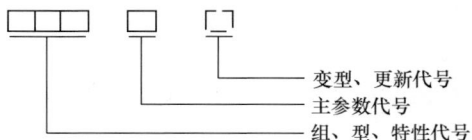

图 7-4　压路机型号编码规则

标记示例：3YJ8/10 型压路机表示最小工作质量 8t，最大工作质量 10t，铰接三轮自行式光轮压路机。

（3）结构

1）总体结构

国产静力式光面滚压路机有 2Y6/8 与 2Y8/10 型的二轮二轴式压路机和 3Y10/12、3Y12/15A、3Y15/18 和所有静力式压路机都是由发动机、传动系统、操纵系统和行驶系统所组成。静力式压路机在构造上应该具有在滚压时速度缓慢，在短途转移时能较快地行驶，在滚压终点时又能迅速掉头等特点，以免造成局部凹陷和使压实层产生波纹等问题。所以，在所有的静力式压路机的传动系统中，除有一定挡位的变速箱外，都具有换向机构等共同特征。

① 二轮二轴式压路机

2Y6/8 与 2Y8/10 型压路机属于同一系列产品，除吨位、驱动轮和前轮叉脚有区别外，其他构造完全相同。

这种压路机的发动机和传动系统都装在由钢板和型钢焊接成的罩壳（机架）内。罩壳的前端和后部分别支承在前后轮轴上。前轮为从动方向轮，露在机架外面；后轮为驱动轮，包在机架里面。在前、后轮的轮面上都装有刮泥板（每个轮前、后各装一个），用来刮除粘附在轮面上的土壤或结合料。在机架的上面装有操纵台。

二轮二轴式压路机的传动系统，由主离合器、变速箱、换向机构和传动轴等组成。

液压操纵系统由油箱、齿轮泵、操纵阀、双作用工作油缸及连接管道等组成。

② 三轮二轴式压路机

目前各种三轮二轴式压路机属同一系列产品，它们的构造除吨位不同外，其余结构基本相同。

三轮二轴式和二轮二轴式压路机在结构上的主要区别是：三轮二轴式压路机具有两个装在同一根后轴上的较窄而直径较大的后驱动轮，同时在传动系统中增加了一个带差速锁的差速器。

2）主要部件的结构

① 换向机构

换向机构用于改变机械前进和后退的行驶方向。换向机构由主动部分、从动部分和操纵机构等组成。

② 方向轮与悬架

二轮二轴式和三轮二轴式压路机方向轮的构造基本相同。方向轮依靠"Ⅱ"形架和转向主轴与机架相连接。

压路机的方向轮与悬架如图 7-5 所示，它由滚轮、轮轴、轴承、"Ⅱ"形架和转向主轴等组成。

③ 驱动轮

三轮二轴式压路机的驱动轮，由轮圈、轮辐、轮毂及齿轮等组成。

④ 差速器及差速锁

在三轮二轴式压路机的传动系统中，都装有差速器及差速锁，以便压路机在遇到路面不平和转弯时，可使后轮以不同速度转动，同时当压路机遇到一个驱动轮打滑时，又可使差速器闭锁，使压路机驶出打滑段。

三轮二轴式压路机采用的差速器有两种形式：锥形行星齿轮式和圆柱行星齿轮式。

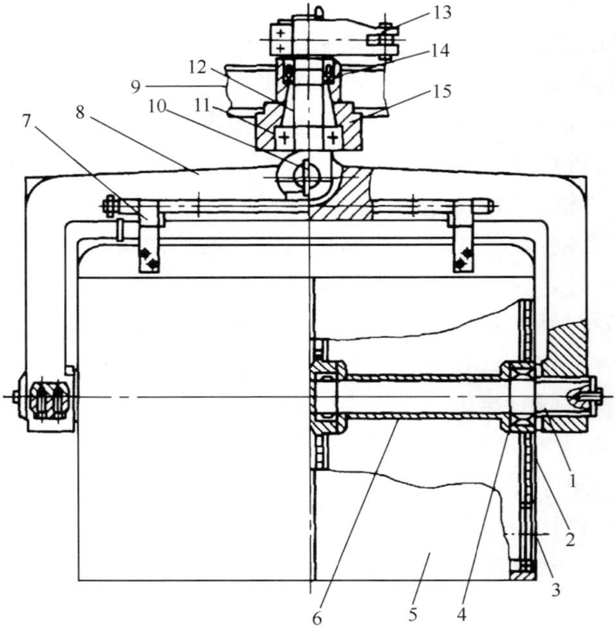

图 7-5　洛阳产压路机的方向轮

1—方向轮轴；2、11、14—锥形滚柱轴承；3—圆形挡板；
4—轮辐；5—轮圈；6—储油管；7—刮泥板；8—"Ⅱ"形架；
9—机架；10—横销；12—转向立轴；13—转向臂；15—转向立轴轴承座

2. 轮胎压路机

轮胎压路机的作用是利用充气轮胎的特性对被压材料进行压实。它不但有垂直压实力，而且还有沿机械行驶方向和机械横向的水平压实力。这些力的作用加上橡胶轮胎弹性所产生的"揉搓作用"，产生了极好的压实效果。轮胎压路机在对两侧边做最后压实时，能使整个铺层表面均匀一致，而对路缘石的擦边碰撞破坏比钢轮压路机要小得多。此外轮胎压路机还可通过增减配重、改变轮胎充气压力等方式来适应各种材料。

轮胎压路机不仅可以广泛用于压实各类建筑基础、路面和路基，而且更有益于压实沥青混凝土的路面。

（1）分类

轮胎压路机分为拖式和自行式两种。

自行式轮胎压路机按影响材料压实性和使用质量的主要特征分类如下：

1）按轮胎的负载情况分

可分为多个轮胎整体受载、单个轮胎独立受载和复合受载三种。

2）按轮胎在轴上安装的方式分

可分为各轮胎单轴安装、通轴安装和复合式安装三种。

3）按平衡系统形式分

可分为杠杆（机械）式、液压式、气压式和复合式等几种。

4）按轮胎在轴上的布置分

可以分为轮胎交错布置（图7-6之a）、行列布置（图7-6之b）和复合布置（图7-6之c）。在现代压路机中，最广泛采用的是轮胎交错布置。

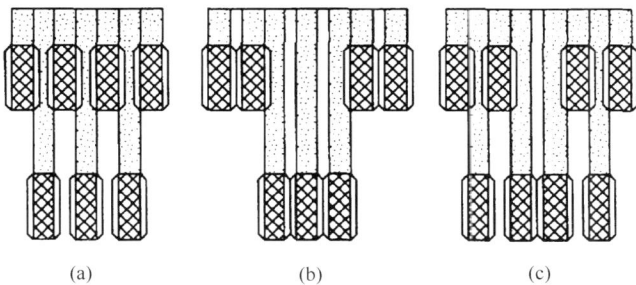

图 7-6　轮胎压路机轮胎布置简图

（a）交错布置；（b）行列布置；（c）复合布置

5）按转向方式分

可以分为偏转车轮转向、转向轮轴转向和铰接转向三种。

自行式轮胎压路机还可以按动力装置形式、传动方式、操纵系统以及其他特征进行分类。

（2）型号编制

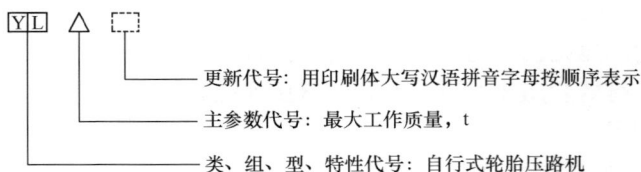

图 7-7 轮胎压路机型号编制

轮胎压路机的型号编制，如图 7-7 所示。

标记示例：YL16 型压路机表示最大工作质量为 16t 的自行式轮胎压路机。

（3）结构

1）总体结构

轮胎式压路机实际上是一种多轮胎的特种车辆。它由发动机、传动系、操作系统和行走部分等组成。

国产 YL9/16 型轮胎压路机构造简图如图 7-8 所示。该型压路机基本属于多个轮胎整体受载式。轮胎采用交错布置的方案：前、后车轮分别并列成一排，前、后轮迹相互错开，由后轮压实前轮的漏压部分。在压路机的前面装有四个方向轮（从动轮），

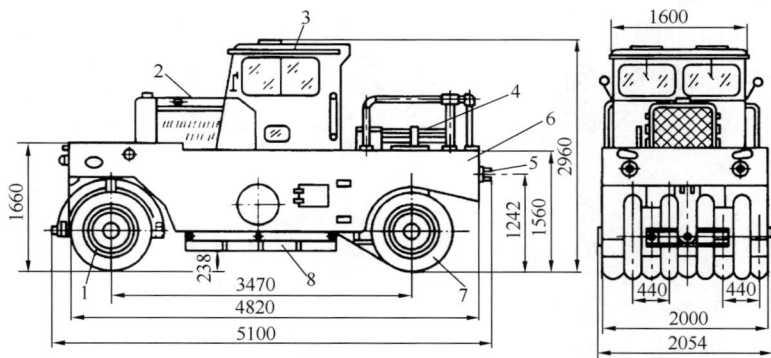

图 7-8 国产 YL9/16 型轮胎压路机构造简图

1—方向轮；2—发动机；3—驾驶室；4—钢丝簧橡胶水管；

5—拖挂装置；6—机架；7—驱动轮；8—配重铁

后面装有五个驱动轮。轮胎是由耐热、耐油橡胶制成的无花纹的光面轮胎（也有胎面为细花纹的），保证了被压实路面的平整度。

该机的机架是由钢板焊接而成的箱形结构，其前后分别支承在轮轴上。其上部分别固装着发动机、驾驶室、配重和散热器等。

传动系统的组成基本上与前述光轮压路机相似。发动机输出的动力经由离合器、变速器、换向机构、差速器、左右半轴、左右驱动链轮等的传动，最后驱动后轮。

YL9/16 型轮胎压路机的变速器为带直接档的三轴式四档变速器，其操纵采用手动换档式，而构造除了没有倒档齿轮外，基本上与汽车变速器相同。

YL9/16 型轮胎压路机的终传动为链传动，链传动既可保证平均传动比，又可实现较远距离的传动。但因其运动的不均匀性，动载荷、噪声以及由冲击导致链和链轮齿间的磨损均较大。

YL9/16 型轮胎压路机的操纵系统分为转向操纵部分和制动操纵部分。其转向操纵采用摆线转子泵液压转向形式。制动操纵部分：手制动采用双端带式制动器，供压路机停车制动用；脚制动为气助力油压外胀蹄式，适用于行车制动。

2）主要部件结构

① 换向机构

YL9/16 型轮胎压路机的换向机构为齿轮换向机构。这种换向机构体积小、结构紧凑，但换向时冲击较大。

② 前轮

前轮（图 7-9）四个方向轮都是从动轮，它们分成可以上下摇摆的两组。

③ 后轮

如图 7-10 所示，后轮由两部分组成，左边一组由三个车轮组成，右边一组由两个车轮组成。每个后轮都用平键装在轮轴上。

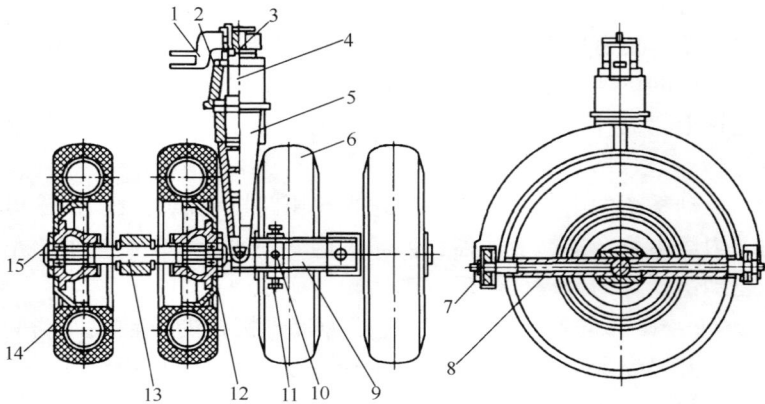

图 7-9　YL9/16 型轮胎压路机的前轮

1—转向臂；2—转向立轴壳；3、12—轴承；4—转向立轴；5—叉脚；
6—轮胎；7—固定螺母；8—摆动轴；9—框架；10—销子；
11—螺栓；13—轮轴；14—轮辋；15—轮毂

④ 制动器气顶油式助力系统

YL9/16 型轮胎式压路机制动器气顶油式助力系统，如图
7-11所示。

⑤ 洒水装置

YL9/16 型轮胎压路机洒水装置，如图 7-12 所示，它由汽油
发动机带动水泵，通过出水三通旋塞进行抽水和洒水。

3. 振动压路机

振动压路机是工程施工的重要设备之一，它主要用在公路、
铁路、机场、港口、建筑等工程中，用来压实各种土壤、碎石
料、各种沥青混凝土等。在公路施工中，多用在路基、路面的压
实，是筑路施工中不可缺少的压实设备。振动压路机是依靠机械
自身质量及其激振装置产生的激振力共同作用，用以降低被压材
料颗粒间的内摩擦力，将土粒楔紧，达到压实土壤的目的。振动
压实具有静载和动载组合压实的特点，不仅压实能力强，压实效
果好，工作效率高，而且相对于静力压路机节省能源，减少金属

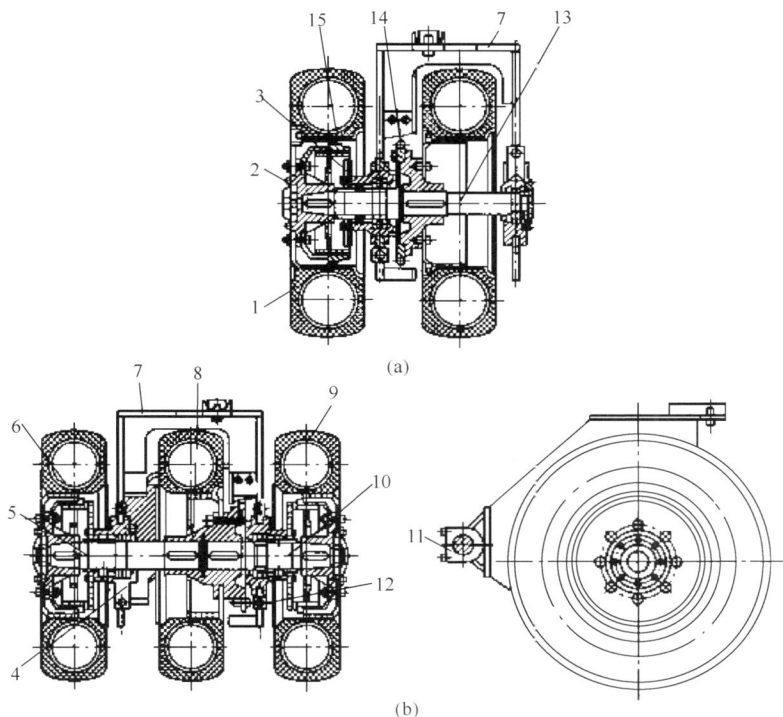

图 7-10　YL9/16 型轮胎压路机的后轮

（a）右驱动轮；（b）左驱动轮

1—制动鼓；2—轮毂；3—轴承；4—挡板；5—左后轮的左半轴；

6—轮辋；7—"Π"形轮架；8—联轴器；9—轮胎；10—左后轮

的右半轴；11—轴承盖；12、14—链轮；13—右后轮轴；15—制动器

消耗，是现代工程建设中不可缺少的基础压实和路面压实的重要设备。

（1）分类

振动压路机可以按照结构质量、行驶方式、振动轮数量、驱动轮数量、传动系统传动方式，按振动轮外部结构、振动轮内部结构、振动激励方式等进行分类。其具体分类如下：

1）按结构质量可分为：轻型、小型、中型、重型和超重型。

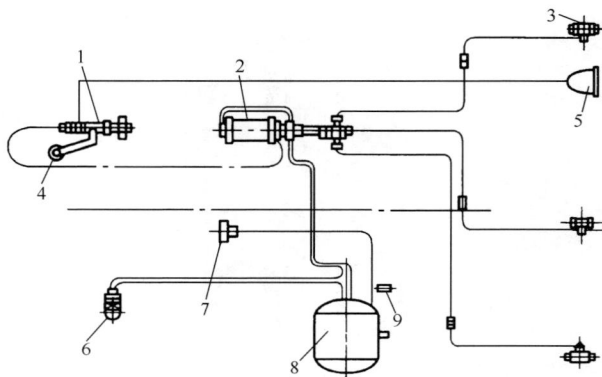

图 7-11　YL9/16 型轮胎压路机制动器气顶油式助力系统示意图
1—总泵；2—增压器；3—分泵；4—油箱；5—制动灯；
6—空气压缩机；7—压力表；8—储气筒；9—安全阀

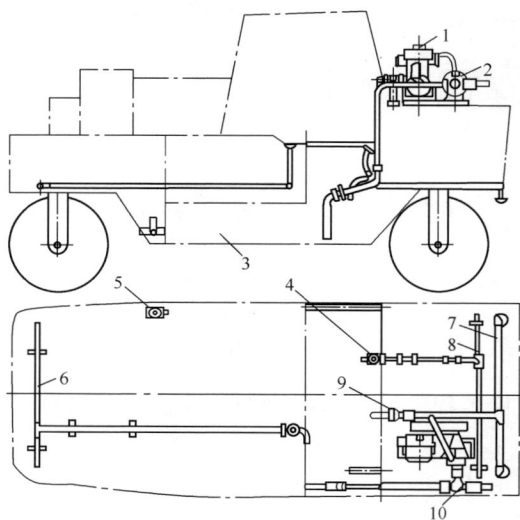

图 7-12　YL9/16 型轮胎压路机洒水装置
1—汽油发动机；2—水泵；3—机身水箱；4—洒水阀门；5—放水阀门；
6—洒水管；7—喷水管；8—洒水管；9—出水三通；10—进水三通

2）按行驶方式可分为：自行式、拖式和手扶式。

3）按振动轮数量可分为：单轮振动、双轮振动和多轮振动。

4）按驱动轮数量可分为：单轮驱动、双轮驱动和全轮振动。

5）按传动系传动方式可分为：机械传动、液力机械传动、液压机械传动和全液压传动。

6）按振动轮外部结构可分为：光轮、凸块（羊脚碾）和橡胶滚轮。

7）按振动轮内部结构可分为：振动、振荡和垂直振动。其中振动又可分为：单频单幅、单频双幅、单频多幅、多频多幅和无级调频调幅。

8）按振动激励方式可分为：垂直振动激励、水平振动激励和复合激励。垂直振动激励又可分为定向激励和非定向激励。

此外，按振动压路机其他主要结构特点，还有一些分类方法。一般来讲，振动压路机主要按其结构形式和结构质量来分类。

（2）型号编制

振动压路机的型号编制，如图 7-13 所示。

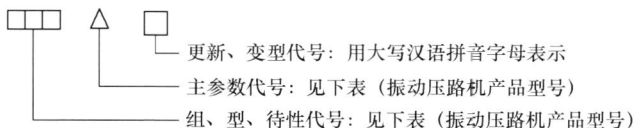

图 7-13　振动压路机型号编制

产品型号，如表 7-2 所示。

标记示例：

a）工作质量 18t，钢轮分配质量 8.7t 的轮胎光轮单驱动振动压路机：振动压路机 YZD18/8.7。

b）工作质量 12t，第二次更新（变型）的两轮铰接振动压路机：振动压路机 YZJ12B。

c）工作质量 0.6t，手扶带转向机构振动压路机：振动压路机 YZSZ0.6。

d) YZT25：工作质量 25t，拖式振动压路机。

振动压路机产品型号　　　　　　表 7-2

组		型		特性	产品		主参数代号		
名称	代号	名称	代号	代号	名称	代号	名称	单位	表示法
振动压路机	YZ	自行式	轮胎光轮	/	/	轮胎光轮双驱动振动压路机	YZ	工作质量/钢轮分配质量	t/t	主参数
				/	K（块）	轮胎凸块（轮）双驱动振动压路机	YZK			
				/	D（单）	轮胎光轮单驱动振动压路机	YZD			
			光轮	/	C（串）	两轮串联振动压路机	YZC	工作质量	t	
				/	J（铰）	两轮铰接振动压路机	YZJ			
				/	4（四）	四轮振动压路机	4YZ			
		拖式	T（拖）	/	拖式振动压路机	YZT			
				K（块）	拖式凸块振动压路机	YZTK			
		手扶式	S（手）	/	手扶振动压路机	YZS			
				K（块）	手扶凸块振动压路机	YZSK			
				Z（转）	手扶带转向机构振动压路机	YZSZ			

（3）结构

1）总体结构

振动压路机随机型的不同，其总体结构也有一些差异。自行式振动压路机总体构造一般由发动机、传动系统、操纵系统、行走装置（振动轮和驱动轮）以及车架（整体式和铰接式）等总成组成。轮胎驱动铰接式振动压路机的总体构造如图 7-14 所示。

轮胎驱动振动压路机振动轮分光轮和凸块等结构型式。振动轮为凸块结构型式的振动压路机又称为轮胎驱动凸块振动压路

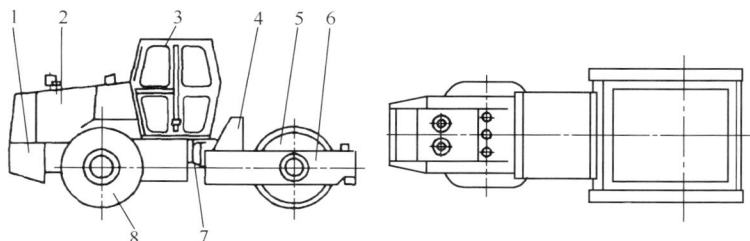

图 7-14　轮胎驱动铰接式振动压路机的总体构造
1—后机架；2—发动机；3—驾驶室；4—挡板；
5—振动轮；6—前机架；7—铰接轴；8—驱动轮胎

机，如图 7-15 所示。

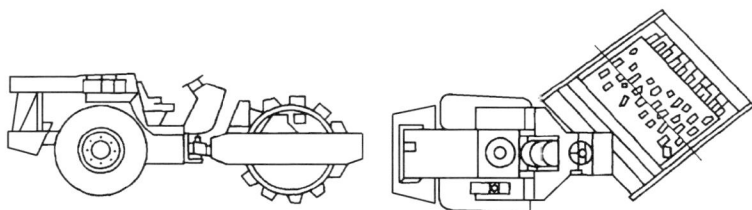

图 7-15　轮胎驱动凸块振动压路机

　　另外还有两轮（钢轮）并联振动压路机（图 7-16）、两轮串联振动压路机（图 7-17）和四轮振动压路机（图 7-18）等。

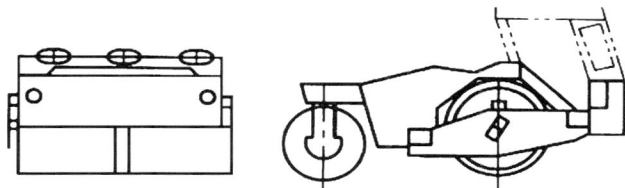

图 7-16　两轮并联振动压路机

　　自行式振动压路机的传动系统主要有机械液压式传动系统和全液压传动系统两种形式。

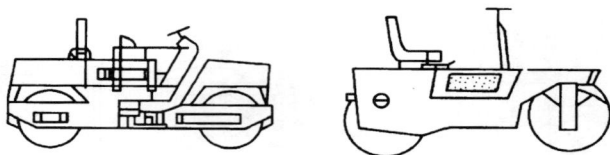

图 7-17　两轮串联振动压路机

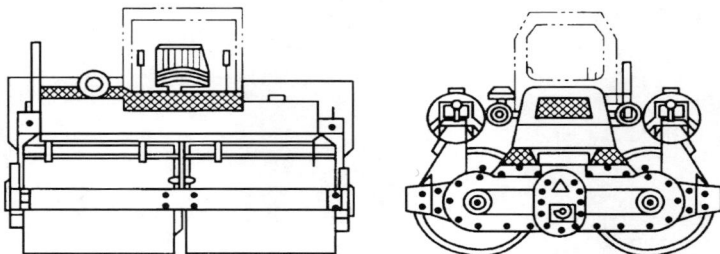

图 7-18　四轮振动压路机

① 机械液压式传动系统

YZ10B 型振动压路机为液压振动、液压转向、机械传动驱动。

② 全液压传动系统

YZ10D 型振动压路机采用全液压传动系统，具有液压振动、液压转向和液压行走功能。

2）主要部件结构

① 振动轮

振动轮的作用是通过振动轮的变频变幅来完成对土壤、碎石、沥青混合料等的压实。振动压路机有单振动轮的，如轮胎驱动光轮振动压路机；也有双振动轮的，如两轮串联振动压路机和两轮并联振动压路机；还有四轮振动压路机，如双轴两轮并联式四轮振动压路机。

② 隔振元件

隔振元件在振动压路机中起减振、连接振动轮和机架及支承支架的作用。振动压路机隔振元件采用的减振器分为橡胶减振器、弹簧减振器、空气减振器和油减振器等多种。由于橡胶减振器具有弹性好、隔振缓冲性能好、制造容易等诸多优点，因此振动压路机多采用橡胶减振器。

4. 振动压路机与静力压路机各自特点

振动压路机与静力压路机相比，具有以下优点：

（1）同样质量的振动压路机比静力压路机的压实效果好，压实后的基础压实度高，稳定性好。

（2）振动压路机的生产率高，当所要求的压实度相同时，压实遍数少。

（3）当压实沥青混凝土面层时，由于振动作用可使面层的沥青材料与其他集料充分渗透、揉合，故路面耐磨性好，返修率低。

（4）由于机载压实度计在振动压路机上的应用，操作手可及时发现施工道路中的薄弱点，随时采取补救措施，从而大大减少质量隐患。

（5）可压实大粒径的回填石等静作用压路机难以压实的物料。

（6）压实沥青混凝土时，允许沥青混凝土的温度较低。

（7）其振动作用可使其压实干硬性水泥混凝土。

（8）当压实效果相同时，振动压路机在结构质量上可比静作用压路机轻一倍，发动机的功率可降低30％左右。

但是，由于振动压路机的振动作用会给周围环境及人体带来一定危害，因而限制了振动压路机的使用范围。当在人口密集地区、危房区、靠近装有精密仪器的建筑物以及公路桥梁的桥面等场地中作业时，都不宜使用振动压路机进行压实作业。

第三节　压路机的动力系统

1. 内燃机

压路机的动力通常采用柴油机。内燃动力装置多采用往复活塞式内燃机作为驱动力，即普通车用汽油机和柴油机，少数厂家配用液化气内燃机。

（1）内燃机型号编制规则

为了便于识别内燃机的机型、规格和结构特点，国家制订了相关的内燃机产品名称和型号编制规则。内燃机名称按其所采用的燃料名称命名。如：柴油机、汽油机、天然气机等。内燃机编号反映内燃机的主要结构特征及性能。如：6135Z 型柴油机：表示 6 缸、四冲程、缸径 135mm、水冷、增压。12V135ZG 柴油机：表示 12 缸、V 型、四冲程、缸径 135mm、水冷、增压、工程机械用。

（2）常用术语，如图 7-19 所示

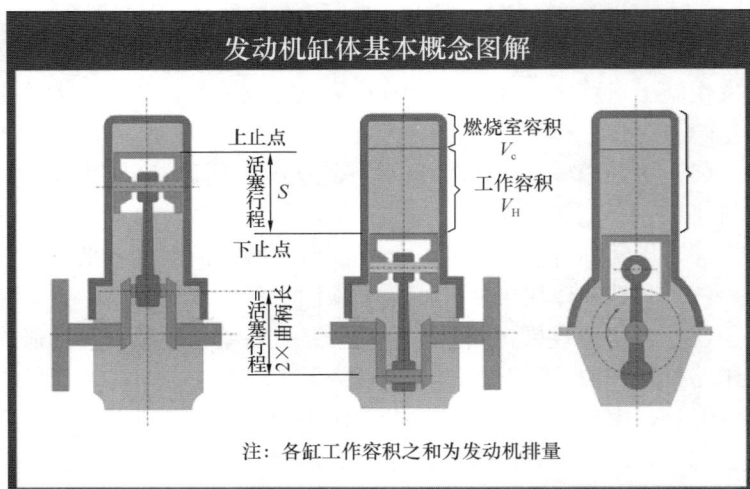

图 7-19　内燃机常用术语

上止点：活塞顶部距离曲轴中心线最远位置。

下止点：活塞顶部距离曲轴中心线最近位置。

冲程：活塞在上下止点间运动的过程。

活塞行程：上下止点间的距离。对于气缸中心线通过曲轴中心的发动机，其活塞行程等于曲柄半径的两倍。

气缸工作容积：在1只气缸内，活塞从上止点到下止点所让出的气缸容积。

内燃机工作容积：内燃机全部气缸工作容积之和，也称为排量。

燃烧室容积：当活塞位于上止点时，活塞上方的空间称燃烧室，其容积称为燃烧室容积。

气缸总容积：当活塞位于下止点时，活塞顶上方的全部容积。气缸总容积等于气缸工作容积与燃烧室容积之和。

压缩比：气缸总容积与燃烧室容积之比称为压缩比。压缩比表示气缸内的气体被压缩后，其容积缩小的程度。柴油机的压缩比一般为16～22。

内燃机的工作循环：在内燃机的工作中，将燃料燃烧发出的热能不断地转化为机械能，这种连续过程叫作内燃机的工作循环。内燃机的每一工作循环，分进气、压缩、做功、排气四个过程，如图7-20所示。

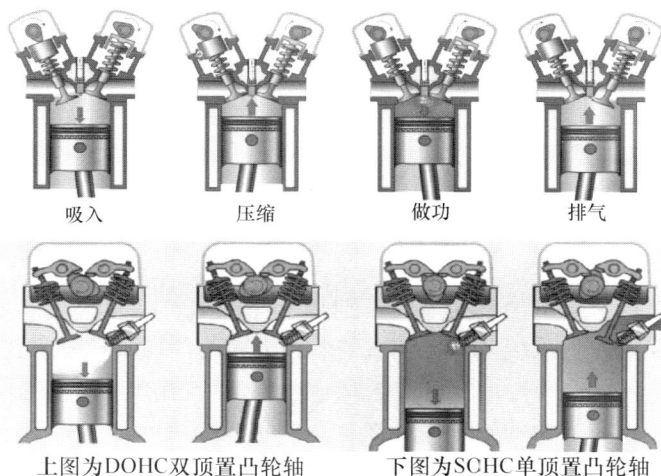

吸入　　　　　　压缩　　　　　　做功　　　　　　排气

上图为DOHC双顶置凸轮轴　　　下图为SCHC单顶置凸轮轴

图 7-20　内燃机的工作循环

（3）发动机工作原理

发动机是一种能量转换机构，它将燃料燃烧产生的热能转变成机械能。那么，它是怎样完成这个能量转换过程，把热能转换成机械能的呢？要完成这个能量转换，必须经过进气、压缩、做功、排气四个过程，即把可燃混合气（或新鲜空气）引入气缸，压缩可燃混合气（或新鲜空气），至接近终点时点燃可燃混合气（或将柴油高压喷入气缸内形成可燃混合气并引燃），着火燃烧的可燃混合气受热膨胀推动活塞下行实现对外做功，最后排出燃烧后的废气。把这四个过程叫做发动机的一个工作循环。工作循环不断地重复，就实现了能量转换，使发动机能够连续运转。把完成一个工作循环，需要曲轴转两圈（720°），活塞上下往复运动四次的发动机称为四冲程发动机，如图 7-21 所示。

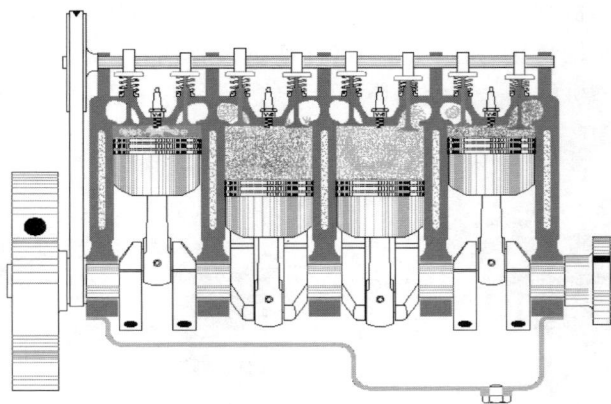

图 7-21　发动机工作原理

柴油机与汽油机的最大区别是汽油机的着火方式为点燃式，因此需要点火系统，而柴油机的着火方式为压燃式，不需要点火系统。

（4）多缸柴油机工作过程

四冲程柴油机每个工作循环中只有燃烧膨胀冲程才做功，而进气、压缩和排气三个辅助冲程不但不做功，而且还消耗一部分功，用来压缩气体和克服进、排气时的阻力。因此，在柴油机运行时，由于各冲程中有的获得能量而有的消耗能量，造成转速不均匀，有时加速有时减速。为了提高柴油机运转均匀性，通常采用两种方法：一是在曲轴上安装飞轮；二是采用多缸结构形式。

（5）结构组成

内燃机种类繁多，但其结构大体相同，通常由机体和曲轴连杆机构、配气机构、燃料系、冷却系、润滑系等组成。

（6）机体和曲轴连杆机构

机体和曲轴连杆机构的作用是将燃料燃烧产生的热能转换为推动活塞做直线运动的机械能，把活塞往复运动转变为曲轴旋转运动，并向外输出动力。

机体和曲轴连杆机构主要由机体、活塞连杆组和曲轴飞轮组三部分组成。

机体的作用是作为发动机各机构、各装配件进行装配的基体，而且其本身的许多部分又分别是曲柄连杆机构、配气机构、供给系、冷却系和润滑系的组成部分。主要由气缸体与上曲轴箱、气缸套、气缸盖、气缸垫、下曲轴箱等组成。如图 7-22 所示。

图 7-22　柴油机机体

活塞连杆组是将热能转化为机械能，把活塞高速直线往复运动转变为曲轴旋转运动的传力机构。活塞连杆组由活塞、活塞环、活塞销、连杆等机件组成。

曲轴飞轮组的主要机件是曲轴和飞轮。曲轴是柴油机的主要零件之一。其作用是将连杆传来的力变为旋转的扭矩输出，同时还要通过连杆推动活塞，完成进气、压缩和排气工作，并驱动配气机构和其他辅助装置工作。飞轮用来储存做功冲程的部分能量，克服辅助冲程阻力，保持曲轴转速均匀，向外输出动力。

在曲轴上还装有驱动配气机构的正时齿轮和驱动风扇、水泵等机件的皮带轮，飞轮上通常刻有第一缸喷油正时记号，以便校正喷油时间。下曲轴箱又称油底壳或机油盘，用于盛机油并保护曲轴等机件不被灰尘污染。

（7）配气机构

配气机构的作用是按照内燃机各缸工作冲程的要求，定时开启和关闭进、排气门。进气门开启使新鲜空气进入气缸，排气门开启使燃烧后的废气排出气缸，气缸的关闭使气缸密封。如图7-23所示。

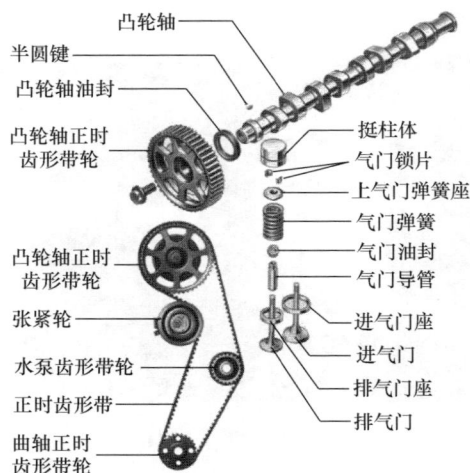

图 7-23　配气机构

配气机构由气门组和传动组组成。气门组由气门、气门座、气门导管、气门弹簧、弹簧座和锁片等零件组成。传动组主要包括凸轮轴、正时齿轮、推杆、挺杆、摇臂和摇臂轴及其支架等零件。

（8）燃油供给系统

柴油机燃油供给系统的作用是根据柴油机不同负荷的需要，定时、定量、定压地将清洁的雾化良好的柴油，按一定的喷油规律喷入燃烧室，与被压缩的高温高压空气混合，形成可燃混合气自行燃烧，并将燃烧后的废气排入大气中去。

燃油供给系统一般由进排气装置，供油装置两部分组成。进排气装置由空气滤清器、进排气歧管和消声器等组成。供油装置由低压油路和高压油路两部分组成。低压油路包括：柴油箱、柴油滤清器、输油泵、低压油管等。高压油路包括：喷油泵、喷油器、高压油管和调速器等。

输油泵的作用是保证柴油在低压油路内循环，并供应足够数量及一定压力的柴油给喷油泵。

燃油滤清器的作用是柴油进入喷油泵之前，清除其中的杂质和水分，为保证喷油泵和喷油器的可靠工作并延长其使用寿命，燃料供给系统都设有滤清器。

喷油泵的作用是根据柴油机的不同工况，定时、定量地向喷油器输送高压燃油。

调速器的作用就是根据柴油机负荷及转速变化对喷油泵的供油量进行自动调节，以保证柴油机能稳定运行，如图 7-24 所示

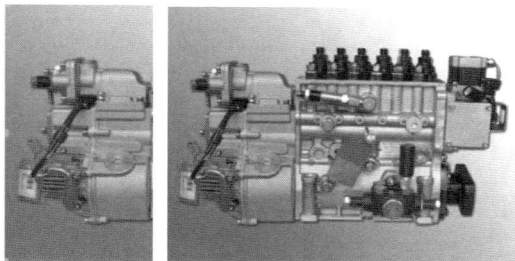

图 7-24　柴油机调速器

（9）冷却系统

柴油机工作时，由于燃料的燃烧以及运动零件间的摩擦产生大量的热量，使零件受热而温度升高，特别是直接与高温气体接触的零件若不及时冷却则会造成机件卡死和烧损。因此，必须对高温条件下工作的零部件进行冷却。

冷却系的作用是保证柴油机在最适宜的温度（80℃～90℃）状态下连续工作。柴油机冷却系按所用冷却介质不同有水冷和风冷之分，如图 7-25 所示。

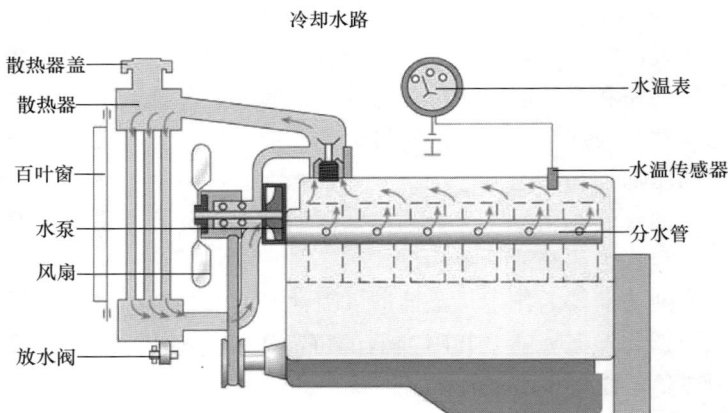

图 7-25　冷却水路

水冷式冷却目前大部分内燃机都采用压流式冷却。压流式冷却系由百叶窗、散热器、风扇及皮带、水泵、节温器、水温表和水套等组成。冷却系中应加注清洁的软水，如河水、雨水、自来水等。如果加注硬水，如泉水、井水中含有大量矿物质，这些物质在高温时易分解，冷却后会从水中沉淀下来，在散热器和水套中形成水垢，甚至使水套生锈，降低散热效能。

（10）润滑系统

柴油机工作时，各零件表面都是以很小的间隙做高速、相对运动的，互相之间剧烈摩擦，产生高温，甚至烧毁机械零件。为了保证柴油机正常工作，必须对运动的零部件表面加以润滑，如图 7-26 所示。

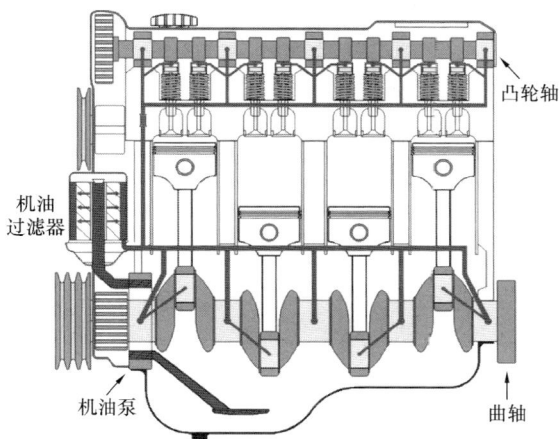

图 7-26　润滑系工作路径

润滑系统的作用是将清洁的、压力和温度适宜的润滑油送至柴油机各摩擦表面进行润滑，并将各摩擦表面流出的润滑油回收，经冷却和滤清后循环使用，从而起到下列作用：

1）润滑作用

使零件的两个摩擦表面之间形成一定的油膜，减少磨损和功率损失。

2）冷却作用

润滑油在润滑各摩擦表面的同时，吸收各摩擦表面的热量，降低各摩擦表面温度。

3）清洁作用

润滑油在循环流动中，可清除摩擦表面的磨屑，并将其带走。

4）密封和防锈作用

附着于零件表面的油膜还可以提高零件的密封效果和防止氧化锈蚀。

柴油机工作时，由于各运动机件的工作条件和所承受的载荷和相对运动的速度不同，所要求的润滑强度也不相同，因而应采用相应的润滑方式。常见的润滑方式有压力润滑、飞溅润滑和定期加注润滑脂等。

曲轴轴承、连杆轴承、凸轮轴轴承及摇臂轴等均采用压力润滑。

气缸壁、配气机构的凸轮、挺杆等均采用飞溅润滑。

柴油机辅助系统中的水泵、发电机轴承等，由于载荷小，而且摩擦损失不大，只需定期加注润滑脂。

2. 柴油机新技术

现代先进的柴油机一般采用电控喷射、共轨、涡轮增压中冷等技术，在质量、噪声、烟度等方面已取得重大突破，达到了汽油机的水平。

（1）电控喷射

电控系统随着对施工机械施工质量与生产效率的要求不断提高，传统的机械传动以及机械液力式调节方式已不能满足施工机械用柴油机的要求。因此，根据使用工况自动控制喷油量及喷油时间的电子控制装置和能够高压喷射的组合蓄压式喷射装置等已在施工机械用柴油机上使用。

（2）新材料的开发与应用

随着施工机械用柴油机强化程度的不断提高，使轴承的脉动负载增大，要求轴承材料有更好的抗疲劳性、承载能力和耐磨性。奥地利 MIBA 公司研制的以铝锡合金为基体的 AL-Sn4.5Mg 减摩层，既有高耐磨性，又有良好的热稳定性，从而提高了高温工作时的抗疲劳性。该公司还采用阴极真空镀膜法在轴承工作表面镀上 AL-Sn20 的新工艺，使轴承兼有磨合性好、耐磨性好和抗疲劳性好的优点。试验结果表明，其可靠性和使用寿命均得到大幅度的提高。

第四节　压路机的电气系统

压路机机电气系统通常具有以下特点：低压直流，大部分为24V标称电压（极少数为12V）；单线制负极搭铁。所有压路机的电气系统都可以被抽象成如图7-27所示的电路模型。作为电路模型，其着重描述的是电源与负载的关系，忽略了实际电路中的控制元器件，如开关、继电器、熔断器等。

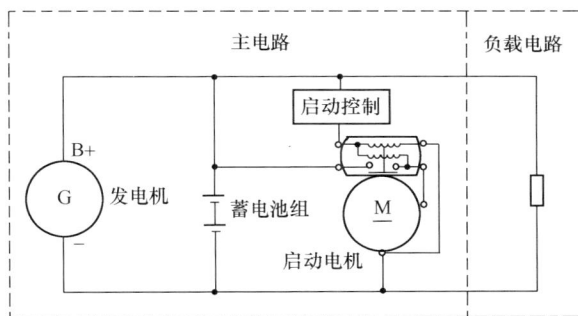

图7-27　压路机电路模型

从图中可见，电气系统可分为主电路与负载电路。主电路包括电源系统与启动系统，用来启动发动机并为全车电气提供电源，是电气系统的核心。负载电路一般包括仪表系统、照明系统、辅助电器（如雨刮、电风扇、空调电器、电喇叭、音响、点烟器等），较高档次压路机的负载电路包括有电子监控系统、工作装置自动复位系统及电液变速操纵控制系统等。

主电路主要由电源总开关、蓄电池、发电机、起动机、启动控制电路、电锁（钥匙开关）、电源继电器（有的压路机没有电源继电器）等组成。其中蓄电池、发电机、起动机是主电路的核心元器件。

蓄电池一般采用两个标称电压为12V串联，其作用为：提供大电流给启动电机用来启动发电机；在发电机不发电时，为车上所有电器负载供电；吸收系统中的瞬变电压，保护电子元器件。压路机一般采用铅酸蓄电池（电极主要由铅制成，电解液是硫酸溶液）。铅酸蓄电池一般由外壳、正极板（PbO_2）、负极板（Pb）、隔板、电池槽、电解液（硫酸和蒸馏水的混合物）和接线端等部分组成。

发电机是在发动机的带动下将机械能转化成电能的装置。发电机是压路机的主要电源，其作用是在发动机发动后，向机器上所有用电设备（启动电机除外）供电，同时给蓄电池充电。现在工程机械上普遍采用硅整流发电机。虽然结构各异，但基本都由转子、定子、整流器、端盖和电压调节器五个部分组成。转子的作用是产生磁场。由磁轭、磁场绕组和爪极等组成；定子的作用是产生交流电。由定子铁芯和定子绕组组成；整流器的作用是将定子绕组产生的交流电变成直流电，即整流；端盖采用非导磁材料——铝合金铸造而成，以防止漏磁、增强散热和减轻重量；电压调节器的作用是在发电机转速变化时，自动调节激磁电流，使发电机的输出电压保持恒定，防止发电机电压过高而烧坏用电设备和导致蓄电池过量充电，同时也防止发电机电压过低而导致用电设备失常和蓄电池电压不足。

起动机是将蓄电池电能转化成机械能并起动发动机的装置。起动机由直流电动机、传动机构（又称啮合机构）、控制装置（又称电磁开关）三部分组成。直流电动机的作用是将电能转化成机械能，产生电磁转矩；传动机构的作用是在发动机起动时，将电磁转矩传递给飞轮，驱动发动机运转并起动，在发动机起动后，使起动电机驱动齿轮自动打滑，以免发动机反拖起动电机电枢，并最终与飞轮齿圈脱离啮合；控制装置用来控制直流电动机与蓄电池连接电路的通断，同时控制传动机构与飞轮的啮合与脱离。

第八章　压路机驾驶与作业

压路机机型很多，但驾驶操作程序大同小异，在实际操作前应先熟悉机型，严格按说明书要求操作。本章主要介绍两种常用机型压路机的驾驶与作业。

第一节　3Y12/15 型压路机的基础驾驶

1. 操纵杆、仪表和开关的识别与使用

各种操纵杆、仪表和开关的布置、功用与使用方法见图 8-1 和表 8-1。

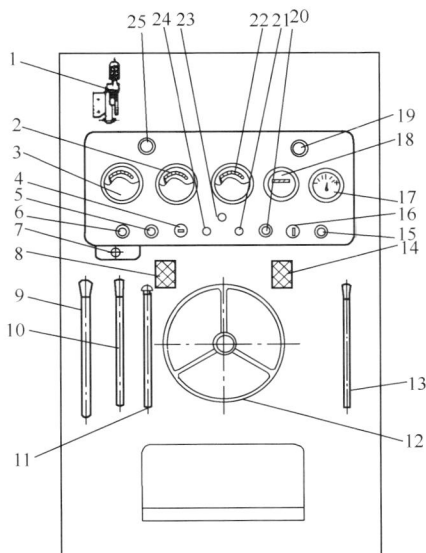

图 8-1　操纵杆、仪表和开关安装位置

图号	名称	功用	使用方法
1	油门操纵手柄	控制发动机转速	下压—转速升高，上提—转速降低
2	水温表	指示发动机冷却水温度	正常值为 75～90℃
3	机油压力表	指示发动机的机油压力	正常值为 0.16～0.27MPa
4	转向灯开关	控制转向灯、转向指示灯电路	左扳—左转向灯亮，中间—都不亮，右扳—右转向灯亮
5	后大灯开关	控制后大灯电路	向上拉后工作灯亮
6	前大灯开关	控制前大灯电路	向上拉前工作灯亮
7	熄火拉钮	控制发动机熄火	拉出—发动机熄火
8	离合器踏板	控制离合器分离与结合	踏下—分离，松开—结合
9	差速联锁操纵杆	用于差速锁装置结合与分离	向前—结合，不差速；向后—分离，差速
10	手制动操纵杆	用于停车制动	上拉—实施制动，放下—解除制动
11	变速杆	用于变换压路机的行驶速度	左前—Ⅰ挡，左后—Ⅱ挡，中间—空挡，右前—Ⅲ挡
12	方向盘	控制压路机的行驶方向	顺时针转—右转弯，逆时针转—左转弯
13	换向杆	用于压路机的前进和后退	前推—前进，后拉—后退，中间—空挡
14	脚制动踏板	使压路机的减速或停车	踏下—制动，松开—解除制动
15	启动按钮	控制启动机的启动电路	按下—启动机转动，松开—启动机停转

图号	名称	功用	使用方法
16	启动钥匙	控制启动电路接通或断开	顺时针转动—接通，反时针转动—断开
17	电流表	指示蓄电池的充电情况	指向"＋"—充电，指向"—"—放电
18	计时器	记录作业摩托小时数，适时保养和修理	
19	仪表灯	夜间行驶和作业时仪表照明	
20	洒水开关、仪表灯开关	控制洒水装置、仪表灯电路	向上拉仪表灯亮
21、24	转向指示灯	指示转向灯电路连接是否良好和行驶方向	左指示灯亮—左转向，右指示灯亮—右转回
22	机油温度表	指示发动机机油温度	正常值为 80～85℃
23	喇叭按钮	鸣号，警示	按下—喇叭响
25	电源总开关	控制全机电路的通断	上扳—接通，下扳—切断

2. 发动机的启动与停止

（1）启动前的检查

1）发动机燃油、润滑油（含高压油泵）和冷却水（不得低于上水室）是否充足；

2）油管、水管、导线和各连接件是否连接固定牢靠；

3）发动机风扇皮带和发电机皮带紧度是否正常（在皮带中段以拇指用 3～5kgf 压下，皮带下沉 10～20mm 为正常，否则应利用发电机支架进行调整）；

4）蓄电池电解液液面高度是否符合规定（液面应高出极板 10～15mm，过少则需加蒸馏水），桩柱是否牢固，加液口盖上的通气孔是否畅通；

5）转向液压油、传动齿轮箱的齿轮油是否有渗漏，各管路和附件是否连接良好、密封可靠；

6）各部件固定连接是否可靠；

7）各操纵杆连接良好，扳动灵活，并置于空挡或规定位置（差速联锁操纵杆在分离位置）。

（2）启动

1）接通电源总开关；

2）踏下离合器踏板；

3）将油门操纵手柄置于中速位置；

4）顺时针拧转启动钥匙 45°，按下启动按钮使发动机启动。如 1 次不能启动成功，可停 30s 后再进行第二次启动，但每次启动的时间不应超过 15s。如果 3 次仍不能启动，应检查不能启动的原因，排除故障后再启动。发动机启动后立即松开启动按钮；

5）慢慢放松离合器板，使发动机在中速空转 3～5min，等发动机水温达到 40℃以上，方可运行。

（3）工作中的检查

1）查看各仪表指数是否正常；

2）检查发动机在各种转速下运转是否平稳，排烟、声响是否正常；

3）各操纵杆、方向盘、踏板操纵是否轻便灵活；

4）各部连接是否可靠，有无漏油、漏水、漏电、漏气现象；

5）电路系统工作是否良好。

（4）熄火

1）将油门操纵手柄置于怠速位置，使发动机稳定在低速下空转 3～5min，然后拉动熄火拉扭；当发动机停止转动后，再将熄火拉扭送回原位。除非紧急情况，发动机不得在高速运转时突然熄火。

2）逆时针拧转启动钥匙并取出，切断电源总开关。

3. 基础驾驶

（1）起步

1）主离合器起步

① 油门操纵手柄置于怠速位置；

② 踏下主离合器踏板，使离合器处于完全分离状态；

③ 将变速杆置于所需挡位；

④ 将换向杆置于所需位置；

⑤ 鸣喇叭，放松手制动操纵杆；

⑥ 放松主离合器踏板的同时，加大油门。

2）换向离合器起步

① 油门操纵手柄置于怠速位置；

② 踏下主离合器踏板，使离合器彻底分离；

③ 将变速杆置于所需挡位后，放松主离合器踏板；

④ 鸣喇叭，放松手制动操纵杆；

⑤ 加大油门的同时，平稳地将换向杆向前推或向后拉，使换向离合器结合。

使用换向离合器起步时，向前推或向后拉操纵杆，动作要平稳迅速，不能用力过猛；避免离合器在"半联动"状态下长时间工作；采用齿轮换向离合器的压路机，不能用换向离合器起步，必须用主离合器起步。

（2）停车

1）换向杆放在中间位置；

2）油门操纵手柄置于怠速位置；

3）踏下制动踏板，使压路机停稳；

4）拉紧手制动操纵杆；

5）踏下主离合器踏板，将变速杆置于空挡后，放松主离合器踏板。

采用齿轮换向离合器的压路机停车时与采用摩擦片换向离合器的压路机不同，必须首先踏下主离合器，然后将换向杆和变速杆放置于中间位置和空挡位置。

（3）换挡

1）减小油门，降低车速；

2）踏下主离合器踏板，必要时踏下制动踏板使压路机停车；

3）压路机停稳后，将变速杆置于所需的挡位；

4）放松主离合器踏板的同时逐渐加大油门。

（4）换向

1）减小油门；

2）将换向杆置于中间位置；

3）压路机停稳后，加大油门的同时将换向杆置于新的位置。

换挡和换向时必须在压路机停稳后进行；路况好时，可选用高速挡，路况差（或上坡）时，选用低速挡；采用齿轮换向离合器的压路机换向时必须踏下主离合器踏板。

（5）转向

转弯时，一手拉动方向盘，一手辅助推送，相互配合，快慢适当。缓弯时，应早打慢回，少打少回；转急弯时，应两手交替操作，快速转动方向盘，做到快打快回。

转弯时应降低压路机的行驶速度；转向后要注意及时回正方向；转弯时应尽量避免使用制动，尤其是紧急制动。

（6）制动

制动有发动机制动、脚制动器制动两种形式。

发动机制动时，将油门操纵手柄放到怠速供油位置，利用发动机的低速牵阻作用使压路机减速。在压路机减速较小时使用。

脚制动器制动时，减小油门，踏下制动踏板，视减速大小确定踏下程度。在压路机需迅速减速或停车时使用。

制动应有预见性，尽量避免紧急制动，踏下制动踏板时应先轻后重，使压路机平稳减速。

4. 安全操作规程

（1）禁止非压路机驾驶人员驾驶。

（2）压路机应保持清洁，全部机构应保持完整，不允许带故障工作。

（3）制动时，必须踏下离合器踏板后，再踏制动踏板。否则，会引起制动器或其他零件损坏和发动机熄火。

（4）压路机在作业中，应将差速联锁装置放在不接合位置，以免损坏机件、拖坏路面、影响作业质量。

（5）压路机在行进时，禁止拨动差速联锁装置。差速联锁装置结合时，压路机不得转向。

（6）压路机在行驶中，严禁注油和修理。

（7）当压路机修理需要工作人员在机下工作时，发动机应预先熄火，并加以制动。

（8）压路机在高速行进时，不能进行急转弯。

（9）不得在注油、压路机行驶和工作时吸烟。

（10）不得用牵引压路机的方法启动发动机。

（11）工作完毕后应将压路机制动。

（12）换向装置及制动器的调整，必须在主离合器分离后进行。

（13）几部压路机同时工作时，其前后之间的距离不应小于 3m。

（14）压路机在运行中，近距离可自行开往，远距离需载运。

第二节　YZJ10B 型振动式压路机的基础驾驶

1. 操纵杆、仪表和开关的识别与使用

各种操纵杆、仪表和开关的布置、功用与使用方法如图 8-2 和表 8-2 所示。

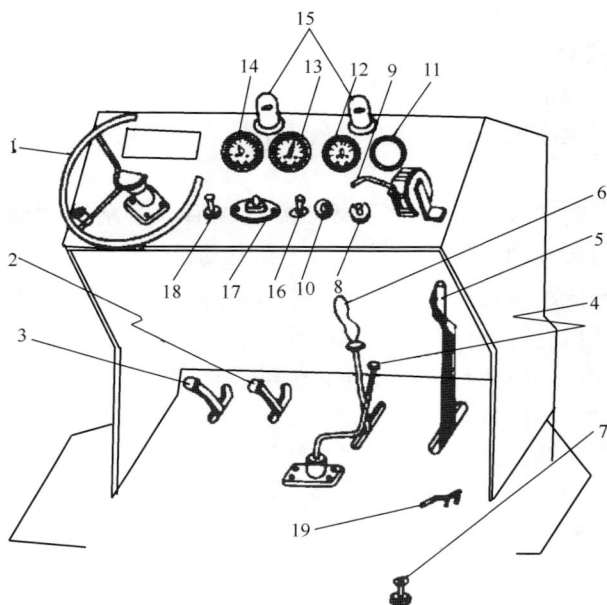

图 8-2 操纵杆、仪表和开关的安装位置

操纵杆、仪表和开关的名称、功用和使用方法　　表 8-2

图号	名称	功用	使用方法
1	方向盘	控制压路机的行驶方向	顺时针转—右转弯，逆时针转—左转弯
2	脚制动踏板	使压路机减速或停车	踏下—制动，松开—解除制动
3	离合器踏板	控制离合器分离与结合	踏下—分离，松开—结合
4	变速杆	控制压路机的行驶速度	右前—Ⅰ挡，右后—Ⅱ挡，中间—空挡，左前—Ⅲ挡
5	手制动操纵杆	用于压路机停车制动	上拉—实施制动，放下—解除制动
6	换向杆	用于压路机前进和后退	前推—前进，后拉—后退，中间—空挡
7	熄火拉钮	控制发动机熄火	拉出—发动机熄火

图号	名称	功用	使用方法
8	启动按钮	控制启动机启动电路	按下—启动机转动，松开—启动机停转
9	油门操纵手柄	控制发动机的转速	后拉—转速升高，前推—转速降低
10	启动钥匙	控制启动电路接通或断开	顺时针转—接通，反时针转—断开
11	电流表	指示蓄电池充放电情况	指向"＋"—充电，指向"—"—放电
12	机油温度表	指示发动机机油温度	正常值为45～90℃
13	机油压力表	指示发动机的机油压力	正常值为0.16～0.3MPa
14	水温表	指示发动机冷却水温度	正常值为55～90℃
15	仪表灯	夜间行驶和作业时仪表照明	
16	仪表灯、前后灯开关	控制仪表灯前后灯电路通断	外拉：Ⅰ挡—仪表灯亮，Ⅱ挡—仪表灯、前后灯均亮
17	喇叭按钮	鸣号，警示	按下—喇叭响
18	电扇开关	控制电扇电路通断	拉出—电扇工作，推进—停止工作
19	起振手柄	控制振动轮振动	上拉—起振，下压—解除振动

2. 发动机的启动与停止

（1）启动前的检查

1）检查发动机的燃油（一般不得少于油箱总容量的1/3）、润滑油和冷却水；

2）检查风扇皮带松紧度；

3）蓄电池及桩柱与导线的连接是否牢靠，加液盖上的通气孔是否畅通；

4）检查液压油箱内的液压油和传动齿轮箱内的齿轮油；

5）润滑左右侧减速器各齿轮；

6）检查各部连接固定情况，有无漏油、漏水和松动现象；

7）检查轮胎气压是否符合要求；

8）各操纵杆是否扳动灵活、连接可靠，处于规定位置。

（2）启动

1）将油门操纵手柄置于中速位置；

2）踏下离合器踏板；

3）顺时针拧转启动钥匙 45°，按下启动按钮，发动机启动后立即松开；每次按下时间不得超过 15s，一次不能启动时，30s 后方可进行第二次启动；如连续三次不能启动，则应检查原因，排除故障后再启动；

4）启动后，应怠速运转，然后逐渐提高转速，以 800～1000r/min 运转 5～10min；待油压、水温、油温达到要求后，方可运行或作业。

（3）工作中的检查

1）查看各仪表指数是否正常；

2）检查发动机在各种转速下运转是否平稳，排烟、声响是否正常；

3）各操纵杆、方向盘、踏板操纵是否轻便灵活；

4）各部连接是否可靠，有无漏油、漏水、漏电、漏气现象；

5）电路系统工作是否良好。

（4）熄火

熄火时，应将油门操纵手柄逐渐扳到怠速位置，怠速运转一段时间后，拉出熄火拉钮使发动机熄火；逆时针拧转启动钥匙并取出，切断电源总开关。

3. 基础驾驶

（1）起步

1）踏下离合器踏板；

2）根据需要将变速杆置于所需挡位；

3）将换向杆置于所需位置；

4）观察周围情况并鸣喇叭；

5）松开手制动操纵杆，放松离合器踏板，同时增大供油量。

（2）变速与换向

变速时，首先踏下离合器踏板，并降低发动机转速，待机械停稳后，将变速杆置于所需位置，然后放松离合器踏板，同时增大供油量。

换向时，首先将换向杆置于中间位置，同时减小供油量；待机械停稳后，再将换向杆置于所需位置，同时增大供油量。

（3）停机

1）停机前，首先停止振动；

2）减小供油量，使机械减速；

3）踏下离合器踏板，将变速杆和换向杆置于空挡和中间位置；

4）放松主离合器踏板，拉手制动操纵杆使其处于制动位置；

5）逐渐减小供油量，使发动机怠速运转 3～5min；拉出熄火拉钮，熄火；

6）在寒冷季或长期停放时，应放出发动机内的冷却水。

4. 安全操作规程

（1）取得相应的特种作业操作资格证书的人员方可操作。

（2）操作人员必须认真阅读、弄懂压路机的有关资料，按要求正确操作、保养及维修。

（3）压路机不得在有故障的情况下工作。

（4）压路机不得在坚硬的路面上振动。

（5）压路机在上、下坡时应提前将变速杆置于低速挡位置，不得溜坡。

（6）不得以拖启动的方式启动发动机。

（7）压路机在行进中使用制动时，应首先切断动力。

（8）开始振动前，应先将发动机调至中速，再开始振动，然后将发动机调到高速。

（9）结合离合器时，发动机处于中速，以减小冲击、减少磨损。

（10）离开压路机时，必须停机熄火，拉紧手制动操纵杆，必要时在振动轮前（后）垫上止动块。

（11）在机下检修保养时，必须停机熄火，并加以可靠的制动。

（12）压路机长期不用时，须将振动轮机架稍微顶起。支顶物应支承于机架上，但又不要使振动轮离开地面，以避免橡胶减振器长期受力变形而损坏。

第三节　压路机的道路驾驶

道路驾驶是基本技能的综合运用，是压路机驾驶技术学习的深入。通过道路行车实践，除了掌握一般道路的驾驶操作方法外，还要学会对路遇车、行人等情况的观察、判断和处理，为在各种环境和道路条件下驾驶压路机打下技术基础。

1. 行驶路面的选择和速度控制

（1）行驶路面的选择

行驶路线对行驶安全和轮胎、传动机构的使用寿命、燃料消耗以及操作人员的疲劳度都有很大的影响。因此，在行驶中应正确选择路线，尽量避免颠簸，并尽可能保持直线匀速行驶。

1）在没有分道线的道路上，无会车和超车的情况下，应在道路中间行驶。特别是在路面不宽、拱形较大的碎石路面上，使压路机左右都有回旋的余地。在有分道线的道路上，应在右侧行车道的中间行驶。

2）行驶中应注意选择干燥、坚实、平坦的路面，尽量避开尖石、棱角物及凹凸地等。但要防止为了选择路面，而左右猛转向，以免失去稳定性而发生交通事故。

3）行驶中遇到会车或让车等情况，应注意减速，并靠道路右侧行驶，过后再平稳回到道路中间。在有快、慢路线区分的道路上，应在慢车道上行驶。

（2）行驶速度控制

行驶速度对行驶安全、燃料消耗及机件使用寿命有直接影响，必须合理掌握。行驶速度根据道路、气候、视野、交通情况和操作人员的技术水平、精神状态等因素来确定。

（3）行车间距的控制

对于同方向行驶的机械、车辆，前后应保持一定的距离。间距过小则易因前车突然制动，而发生追尾事故。行车间距的大小，取决于行驶速度、操作人员的技术水平、精神状态以及道路、气候等条件。一般情况下，在公路上要保持 30m 以上；在市区要保持 20m 以上；在冰雪道路上要保持 50m 以上；若气候恶劣或道路特殊时，还应适当加长。在干燥路面上行驶时，距前车的距离米数，可近似等于行驶时速的千米数。

2. 会车、超车和让车

（1）会车

与迎面车辆相遇，相互交会简称会车。会车前，应先看清来车、道路和交通情况，选择安全地段会车。会车应遵守交通规则，自觉做到"礼让三先"，即先让、先慢、先停。要选择合适地点，靠道路右侧通过。

1）在一般双车道公路会车

双车道公路有充裕的会车余地时，可先减速，然后靠道路右侧行驶，控制车速，稳住方向盘，并顾及道路两侧的情况，保证两车交会时有足够的横向间距；当判明交会无障碍时，便可逐渐加速，交会后慢慢驶向道路中间。

2）在路面狭窄或两边有障碍物的情况下会车

根据对方来车的速度和道路条件，选定会车地段，正确控制自己驾驶的压路机，若离交会地段比对方车远，应加速行驶，距离近则应减速等候来车，以保证两车在已选好的地段交会。

3）在其他情况下会车

当对面出现来车，而自己驾驶的压路机前方右侧有同向行进的非机动车辆或有障碍物时，须根据具体情况决定加速或减速，避免在障碍物处会车。如行驶中遇有狭窄地段或窄桥时，应估计双方距交会点的远近和车速采取措施。车速慢、距离远的车主动让车速快、距离近的车先通过，不可抢行。在恶劣气候条件下，如阴天、雨天、浓雾或黄昏等情况下，应提高警惕降低行驶速度，并加大两车横向间距，必要时等车避让。

（2）超车

超越前方同向行驶的车辆，统称超车。超车应选择路宽且直同时两侧无障碍物、视线良好的路段，并且在交通规则允许的情况下进行。因此，超车是有条件的，不具备条件的超车最易发生交通事故。

欲超前车时，先向前车左侧接近，打开左转向灯，并鸣笛通知前车（夜间应断续开闭大灯示意），力求使前车发现；在确认前车让超后，与前车保持一定的横向安全距离，从左侧超越。

在要求超越前车的过程中，若前车不让路时，不可自行选择路线强行超越。在沙土路上，灰尘大看不清前车，而前车偏向右边行驶时，可能是前车在进行会车，而不是让超车，此时，不可盲目超车，以免发生事故。超越前车后，应沿左侧超车路线行驶至少超越前车20m，当不会影响被超车辆行驶时，再开右转向灯缓慢转动方向盘驶入道路中间或右侧，关闭转向灯。若前车因故未能及时避让时，不应强行超车，更不能有急躁情绪，开赌气车，以免发生事故。

在超越停放的车辆时，应减速鸣笛，警惕该车突然起步驶入车道或突然打开车门，也要注意被超越车遮蔽处突然出现横穿公路的行人，尤其超越停站客车时，更应特别注意。

在超越拖拉机时，应注意到其在行驶中噪音大，操作手不易听清其他车辆声音，加之拖拉机的挂车左右摆动较大，制动性能比较差，因此，要多鸣喇叭，尽量与其保持足够的横向间距。

为了确保超车安全，必须严格遵守交通规则中"禁止超车"的有关规定。

（3）让车

在行驶中，应注意后面有无车辆尾随，如发现有车要求超车时，应根据道路、交通情况，判断是否适宜让后车超越；在认为可以超越的条件下，选择适当路段，靠右行，必要时以手势示意后车超越。不得无故不让或让路不减速。

让车过程中，若发现右前方有障碍物时，不能突然左转企图越过障碍物，这样会使正在超车的操作手措手不及而发生事故；只能紧急制动或停车，待后车完全超过后再绕行。

让车后，应扫视后视镜，确认无其他车辆超越时，再驶入正常行驶路线。

3. 坡道起步、停车和换挡

（1）坡道起步

1）上坡起步：因受上坡阻力的影响，在操作上除注意平路起步要领外，还要注意手制动器和油门踏板的紧密配合。

① 挂上低速挡，手握住方向盘，两眼注视前方，鸣喇叭。

② 视坡道大小，踏下油门踏板，将发动机转速提高到适当程度，逐渐放松手制动器，使压路机平稳起步，随后徐徐踏下油门踏板，加速行驶。

上坡起步的关键是掌握好放松手制动器的时机，若解除制动过早，车轮会因未获得足够牵引力而产生后溜；若解除制动过迟，会因制动力过大而不能起步。

起步时，若感到动力不足无法前进时，应立即踏下制动器踏板，然后拉紧手制动器，再放松制动器踏板，重新起步。绝对不可在压路机后溜时猛然向前起步，以免损坏传动机件。

2）下坡起步：在一般缓坡起步时，仍可按平地起步操作要领操作，但加速时间可大大缩短，甚至不加速。有明显的下坡或坡度较陡时，可用Ⅰ挡或Ⅱ挡起步，待手制动器解除制动后压路机有溜动时，再挂挡行驶。

（2）坡道停车

1）上坡停车：操作要领与平地停车基本相同，但应注意：停车时，抬起油门踏板的同时踏下制动踏板，使压路机完全停止；然后，将手制动器置于制动位置，以防压路机后溜。

2）下坡停车：停车前应先松开油门踏板，运用点刹的方法减慢行驶速度；当压路机行至停车地点时，踏下制动踏板，停稳后将手制动器置于制动位置。

在坡道停车时，如发动机不熄火，操作手不得离开驾驶室，以防因意外原因造成溜滑事故。

在坡道上一般不宜停放车辆，特殊必要时，应选择路面较宽、前后视距较远的地点停车、熄火。为防止停车后溜滑，一定要将手制动器置于制动位置和用三角木或石块塞住车轮。

第四节　压路机的作业

1. 压实作业的基本方式

压路机的作业是通过本身质量和振动力在进退行走中，使经过地段碾压到一定的密实度。因此，压路机的行走和作业是统一的。压路机的压实作业方式有穿梭法和环行法两种。操作手可根据作业地段的情况具体选择。

（1）穿梭法。穿梭法是压路机依次并适当重叠地对作业地面来回进行碾压的方法。它适用于压实地段较小的场地，如路基、路面等。

（2）环行法。环行法是压路机依次并适当重叠地对作业地面进行环绕碾压的方法。它适用于碾压较宽阔的场地，如广场、操场等。

2. 路基压实技术

路基是道路的基础，它是在天然地面上，利用土方施工机械挖、填，并经整平、压实后形成的具有足够强度和稳定性的线形道路基础。

路基的纵断面是弯曲起伏的线形结构。路基的横断面根据原地貌可修筑为路堤、路堑和半堤半堑三种基本结构类型，如图8-3 所示。

路基的修筑材料多为就地取材，以石块和自然黏土为主。施工方法以挖、铲、运、填、平、压为主。路基是公路的基础，路基的强度和稳定性将直接影响路面的使用寿命。

为了提高土体的密度，降低填土的透水性，防止水分的聚集和对路基的侵蚀，避免土基软化和冻胀引起不均匀变形，必须对路基进行有效压实，以提高其对外载荷和对自然因素的抵抗力。

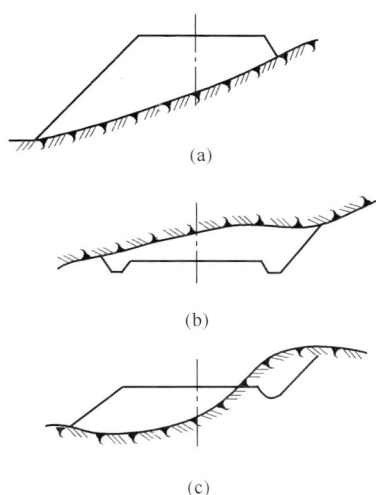

图 8-3　路基横断面的结构类型
(a) 路堤；(b) 路堑；(c) 半堤半堑

对于石质路基，应选用重型振动压路机进行振动压实，以提高压实效率，其对于土质路基，各类压路机均有较好的适应性。

无论选用何种压路机碾压路基，一般都是采用在整个路基宽度上按规定的碾压道顺序进行碾压的方式，从路基边缘逐渐向中间重叠碾压，其碾压道应相互重叠 20～30mm。

压路机选型后，应确定适宜的压实厚度，还要测定土壤的含水量，含水量应控制在最佳含水量的 ±2% 范围之内。在施工现场，有时也可凭经验判断含水量，这就是"手握成团，没有水痕；离地 1m，落地散开"的最佳含水量近似经验判断法。

3. 路基压实步骤

路基碾压前应确定和调整好作业参数，并按初压、复压和终压三个步骤进行。

（1）初压

对铺筑层最初的 1～2 遍的碾压作业被称为初压。初压的目的是为了在铺筑的表层形成较稳定、较平整的承载层，以利复压时承受较大的压实作用力。

路基初压一般可采用重型履带式拖拉机和羊脚（凸块）碾进行碾压，也可选用中型压路机进行静力压实，其碾压速度应不超过 1.5～2.0km/h。初压后，应用平地机对铺筑层进行整平。

（2）复压

复压是在初压的基础上连续进行的压实作业。复压通常碾压5～8 遍，其目的是使铺筑层达到规定的压实度。复压是主要的压实阶段，在复压作业中，应尽可能发挥压路机的最大压实功能，以使被压层迅速达到规定的压实度。增加压路机的配重或调下轮胎式压路机的气压，使之单位线载荷和平均接地比压达到最佳状况；调节振动压路机的振频和振幅，都可充分发挥压路机的压实功能，提高压实效果。

复压作业的碾压速度应逐渐增大，在确保压实质量的前提下，最大限度地提高作业效率。复压时，应随时测定压实度，做到既符合规定的压实标准，又不过度碾压。

（3）终压

在竣工前对铺筑层进行的最后 1～2 遍碾压作业被称为终压。分层修筑路基时，只在最后一层实施终压作业。终压的目的是为了使压实层表面达到均匀平整，因而适宜采用中型静压或振动式压路机，以静力碾压方式进行碾压，碾压速度可适当高于复压速度。

4. 路基压实应遵循的原则

路基压实应遵循"先轻后重，先慢后快，先中后边"的碾压原则。

（1）"先轻后重"即初压轻，复压重；先静力碾压，后振动碾压。这也是路基分层压实压路机选型的原则。

（2）"先慢后快"是指压路机的碾压速度随着碾压遍数增加应逐渐加快，即初压时要以较低的速度进行碾压。这样可以延长碾压力作用时间，增加影响深度，加快土体变形，避免产生碾压轮拥土现象，防止压路机陷车等异常情况发生。随着碾压遍数增加，铺筑层的密实度也迅速增加，加快碾压速度则有利于提高铺筑层表层的平整度和提高压路机的作业效率。

（3）"先中后边"的碾压顺序，是压路机在压实作业过程中应始终坚持的一条规则。也就是说，作业时压路机必须先从路基中心线处进行碾压，逐渐向中心线两侧延伸进行碾压。

5. 基层压实技术

基层是路面的直接基础。基层的修筑质量对路面的强度、使用质量和使用寿命有直接的影响。

（1）基层材料

我国采用的基层材料及类型较多，广泛采用的基层材料类型有下面三种：

1）无机结合料稳定类整体型（也称半刚性型）

该类型基层包括：水泥稳定土基层、石灰稳定土基层和石灰工业废渣基层。

2）级配型和粒料类嵌锁型

此类基层包括级配型集料基层和填隙碎石基层。

3）有机结合料稳定石料基层

此类基层材料有拌和沥青碎石混合料、沥青贯入式碎石料两类。

（2）两种常用基层材料的碾压

1）稳定土基层的碾压

目前常用的稳定土主要有水泥稳定土和石灰稳定土两类，其施工方法可采用路拌法，也可采用中心站集中拌和法（即厂拌法）。

2）级配型集料的压实

级配型集料包括碎石级配料、碎砾石级配料和砾石级配料。采用此类材料铺筑上基层和底基层，可获得理想的密实结构。密实度越高，其强度和稳定性也越高。

采用振动压路机碾压级配集料基层效果最佳，通常选用中型振动压路机。

6. 沥青路面压实技术

本部分主要介绍热拌沥青碎石和沥青混凝土面层的压实技术。

沥青碎石和沥青混凝土面层均采用沥青作结合料，与一定级配的矿料均匀拌和而成的混合料，经摊铺和压实形成的沥青路面结构层。

我国目前多采用热拌热铺法进行施工。

沥青路面面层的压实工序为：紧随摊铺工序，先进行接缝碾压，然后沿作业路段，按初压—复压—终压顺序进行压实作业。

7. 接缝碾压

沥青混合料摊铺和压实的接缝有纵接缝和横接缝两种。

（1）纵接缝的碾压

纵接缝的形成与摊铺工艺有关，纵接缝的形成情况不同，采用的碾压方法也不同。

1）两台以上摊铺机呈梯形队进行全幅摊铺时，因相邻摊铺带的沥青混合料温度相近，纵接缝无明显界限，碾压时，压路机沿纵缝往返各压一遍即可。此种纵接碾压效果较好。

2）若采用一台摊铺机则沿作业段进行摊铺，然后再返回摊铺相邻车道；若采用两台摊铺机则前后保持较远距离，沿同一车道作业段进行摊铺。此种摊铺作业方法形成的摊铺带，其内侧无侧向限位，沥青混合料容易在碾压轮的挤压下，产生侧向滑移，此时，压路机应先从距内侧边缘 30～50cm 处沿纵接缝线往返各预压一遍，然后调头至外侧的路缘石或路肩处开始初压，每压实一遍只侧移 10～15cm，依次压至内侧距内侧边缘 5～10cm 处为止。待相邻摊铺带铺好后，再从已碾压好的原内侧位置开始，依次错轮碾压到越过纵接缝线 50～80cm 处为止。

采用这种纵接缝碾压方法，应考虑到相邻摊铺带温差不宜过大，因此要求前后摊铺时间不能过长，其时间间隔一般不得超过一个规定作业路段的摊铺时间。

3）使用一台摊铺机进行摊铺与纵接缝压实时。由于受机械或其他条件限制，相邻摊铺带摊铺与压实的时间间隔过长时，可先将压路机沿无侧限二侧距离边缘 30～50cm 处往返各碾压一遍，然后再从有侧限一侧开始进行初压，直至最初碾压的接缝侧轮迹,再依次错轮越过无侧限边缘 5～6cm 处为止。分车道摊铺无侧限边缘处碾压方法见图 8-4。

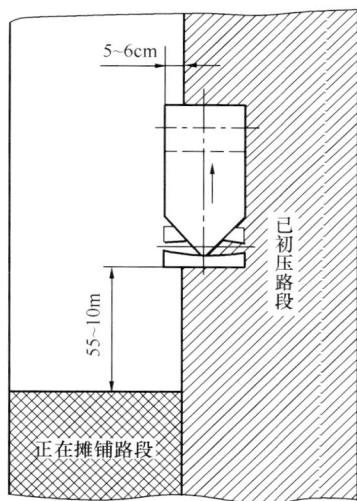

图 8-4　分车道摊铺无侧限边缘处碾压示意图

由于采用分车道摊铺,已初压的摊铺带接缝处混合料逐渐冷却,新摊铺的相邻摊铺带混合料应与已压实的摊铺带搭接 3～5cm,并在接缝处作加温处理,然后再将搭接的沥青混合料推回

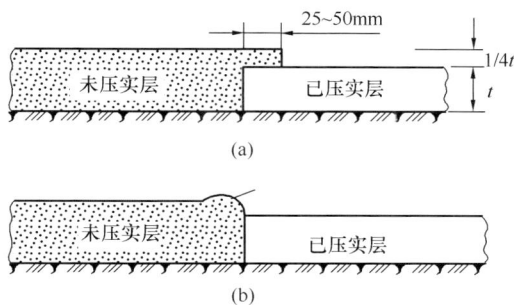

图 8-5　分车道摊铺纵接缝处理工艺
(a) 搭接;(b) 整形

新铺的混合料上并整形。其纵接缝处理工艺如图 8-5 所示。

分车道摊铺纵接缝整形后，应随即用压路机将纵接缝压平。若采用振动压路机进行振动碾压，效率会更高，往返各碾压 1 遍即可将纵接缝压平到位。

（2）横接缝的碾压

作业段摊铺的前后连接处为横接缝。前作业段摊铺结束后，在后作业段摊铺之前，应对横接缝进行技术处理。

碾压横接缝应选用刚性光轮压路机沿横接缝方向进行横向碾压，如图 8-6 所示。开始碾压时，碾压轮的大部分应压在已压实的路段上，仅留 15cm 左右轮宽压在新摊铺的混合料上。然后压路机依次向新摊铺路段侧移碾压（每次侧移量为 15～20cm），直至完全越过横接缝为止。

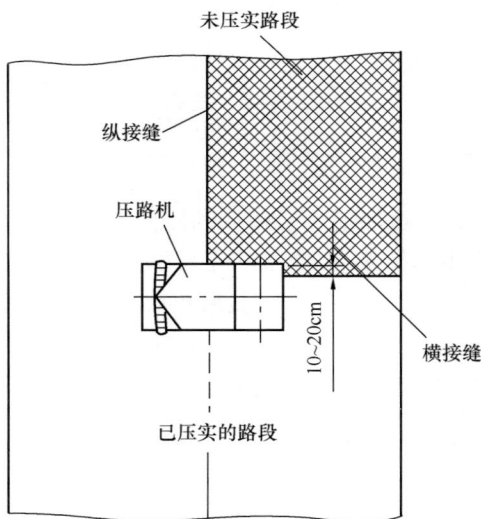

图 8-6　横接缝处的碾压

如果相邻车道尚未摊铺，碾压横接缝时应在未摊铺的横接缝一侧垫上供压路机驶出的材料（如木板等），以免压坏摊铺带边缘，在处理纵接缝和横接缝的压实工艺时，通常应先碾压横接缝，后碾压纵接缝，这样可以避免横接缝的接合面分离。

接缝处出现不平现象，可在不平处作疏松处理后，进行补压。

8. 初压

接缝压好后，应立即进行初压。初压具有防止沥青混合料滑移和产生裂纹的作用。

初压应采用静力碾压，通常选用刚性光轮压路机，以 1.5～2km/h 的碾压速度碾压两遍。相邻轮迹重叠 30cm，按"先边后中"的原则顺序碾压。

初压作业中还应掌握以下压实作业：

（1）掌握好开始碾压时沥青混合料的温度，参照碾压各种沥青混合料铺筑层初始温度推荐范围进行碾压。沥青混合料温度过高，则会导致骨料之间的粘结力不足，碾压时混合料容易从碾压轮两侧挤出，或被碾压轮推拥，或粘滞在碾压轮上，影响平整度。沥青混合料温度过低，则影响复压和终压的压实效果，无法达到规定的压实度，甚至出现松散和麻坑。

（2）为了减少或避免出现横向波纹和表面裂缝，应将压路机的驱动轮朝摊铺方向进行碾压，这样可以利用驱动轮的驱动力沿碾滚切线方向将混合料向后楔紧于轮下，防止松散的、温度较高的混合料在碾压轮前拥起。

（3）弯道碾压，应从内侧低处向外侧高处依次碾压，并尽量采用直线碾压方案。弯道碾压轮迹见图 8-7。

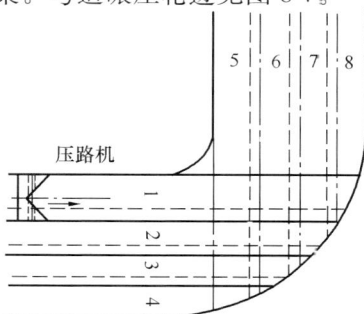

图 8-7　弯道碾压轮迹示意图

（4）坡道碾压，无论是上坡碾压还是下坡碾压，驱动轮均应朝坡底方向，而转向轮和从动轮则应朝坡顶方向。这样，可借助驱动轮的作用防止松散的、温度较高的混合料产生向坡下方向滑移。

（5）初压时往返碾压轮迹应尽量重叠，并禁止在作业路段内操作压机急转弯、变速、制动和停车，以防止路面出现撕裂、划痕、凹痕等现象，防止损坏路面的平整度。

9. 复压

初压之后，应立即进行复压作业。复压的目的是为了使摊铺层迅速达到规定的压实度。复压时，可选用静力式压路机，也可选用振动压路机碾压。静压式压路机通常碾压 4～6 遍。振动压路机对于和易性较差的沥青混合料同样需要碾压 4～6 遍，而对和易性好的沥青混合料则碾压 3～5 遍即可，静力光轮压实的碾压速度为 2～3km/h；轮胎式压路机的碾压速度可适当提高 3～5km/h；振动压路机的碾压速度可在 3～6km/h 范围内进行选择，和易性好的沥青混合料可适当快一些。

如同路基压实作业一样，复压作业也遵循"先边后中，先快后慢"的压实原则。

复压一般应压至路面无明显轮迹为止，每次换向碾压的停机位置不应在同一横线上，而应沿横向呈阶梯状停机。

碾压纵坡时，如坡度较大，复压的最初 1～2 遍不宜进行振动压实，以免沥青混合料滑移。采用振动压实时，在停机和换向前应先停振，起步后才能起振。

10. 终压

复压达到压实度标准后，应立即进入终压作业。终压的目的是提高路面表层的密实度，同时消除路面表面的轮压痕迹。

为了有效地消除路面的横向波纹和纵向轮迹，可采用压路机斜向运行方案，即碾压方向与路面纵向中线成 15°左右夹角碾压 1～2 遍，如图 8-8 所示。

碾压沥青路面时，操作手操作应轻柔平顺，不得使压路机产生冲击，以免影响路面碾压质量。作业前，应将压路机保养维修妥当，作业时切忌将柴油、机油、液压油滴洒在沥青路面上。路面边缘、路肩或其他压路机不能压到的地段，应换用机动灵活的轻型振动压路机或其他小型压实机械（如平板振动夯等）进行补压，直至符合压实要求为止。

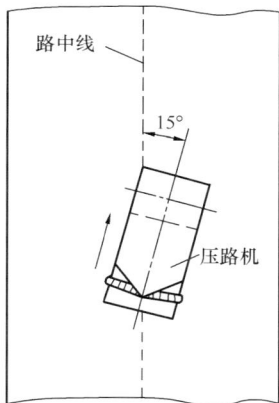

图 8-8　终压时消除路面纵向轮迹的方法

第九章　压路机的维护和保养

第一节　3Y12/15 压路机的维护和保养

1. 每班保养

（1）检查各部连接固定情况。紧固松动的螺栓、螺母、螺钉和管路、线路接头，清除松动和渗漏。

（2）检查主离合器的工作情况。主离合器应结合充分、传动平稳，无打滑、冒烟、异响和温度过高现象，分离应彻底无拖滞。

（3）检查换向离合器的工作情况。换向离合器操纵压路机前进、后退应平稳迅速，当发生换向抖动、迟滞或某方向行驶碾压轮滚动不均匀时，应查明原因、并排除故障。

（4）检查转向机构的工作情况。转向操纵应轻便、灵敏、无拖滞和抖动；液压泵停止工作时，压路机仍能实现转向。

（5）检查制动机构的工作情况。制动应灵敏、可靠、解除制动无拖滞；踏板、连杆、拨叉、摇臂等件铰接处不得松旷或卡滞。

（6）检查齿轮箱和轴承的工作情况。传动齿轮箱、后传动轴、传动齿轮和碾压轮轴承工作时不得有温度过高现象。

（7）检查差速联锁装置的工作情况。差速联锁装置应结合充分、分开彻底。

（8）检查信号、照明装置工作情况。信号灯、照明灯、仪表灯等应接线牢固，工作良好。

（9）按润滑图表规定加注润滑油脂。

（10）擦拭机械、清理工具。作业（行驶）结束后，清除各部泥土、油污；清点、整理工具和附件。

2. 一级保养（每工作 100h 进行）

（1）完成每班保养。

（2）检查加注齿轮油和液压油。变速器、差速器、液压油箱油液数量不足时，按规定加注齿轮油或液压油。

（3）检查调整主离合器踏板自由行程。踏板自由行程的正常值为 15～25mm。

（4）检查调整方向盘自由行程。方向盘自由行程的正常值为8°（单边），行程过大应排除油路中空气或调整各铰接处间隙。

（5）检查调整制动器间隙。制动器处于放松状态时，制动带与制动鼓的正常间隙为：制动带两端为 1～2mm，中部为 0.5～1.5mm。

3. 二级保养（每工作 400h 进行，应有专业维护保养人员完成）

（1）完成一级保养。

（2）排放齿轮油、液压油沉淀物。压路机停驶 6h 后，放出变速器和液压油箱底部沉淀物，按规定加注齿轮油和液压油。

（3）清洗液压油滤油器。用清洗液清洗干净，滤网有破损应更换。

（4）检查调整主离合器间隙。主离合器处于结合状态时，分离轴承与分离杠杆间应保持 2～3mm 的间隙，限位螺钉与中间压盘应保持 1mm 的间隙，各分离杠杆的高度相差不得超过 0.25mm。

（5）检查调整换向离合器。换向离合器应结合充分、分离彻底，如发生打滑或分离不开，应调整主、从动盘的间隙和操纵拉杆的长度。

（6）检查转向液压系统的。

4. 三级保养（每工作 1200h 进行，应有专业维护保养人员完成）

（1）完成二级保养。

（2）清洗变速器和差速器，过滤齿轮泪。趁余热放净变速器和差速器内齿轮油，用清洗液清洗后，按规定加注经过滤沉淀后的齿轮油。

（3）清洗液压油箱，过滤液压油。趁热放净液压系统全部旧油液，用清洗液清洗液压油箱，按规定加注经过滤沉淀后的液压油，排除系统内空气。

（4）检查调整变速器定位装置。定位装置弹簧预紧力过大则换挡困难，过小则容易跳挡。调整时，拧松固定螺母，顺时针转动调整螺母则预紧力增大，反之减小。

（5）拆检制动器。分解清洗各零件，摩擦片磨损严重应换铆新片，各弹簧失效后应更换。

（6）拆检换向离合器。分解清洗各零件，主动盘摩擦片磨损应换铆新片，压紧弹簧失效、各轴销磨损严重应更换。

（7）整机修整。补换缺损的螺母、螺钉、轴销、锁销，焊补、铆合断裂、脱焊之处。

5. 润滑图表

3Y12/15 型压路机润滑见表 9-1 及图 9-1。

3Y12/15 型压路机润滑表 表 9-1

周期（h）	图号	润滑部位	点数	方法	润滑剂
8	11、4	叉脚横销	2	油枪注入	2 号或 3 号钙基润滑脂
	5	主离合器轴	1		
	6、7	左、右侧传动齿轮	2		
50	3	转向立轴	2		
	2、10	转向轮轴承	2		
	1	蜗轮副	1		
100	8	齿轮箱		检、加	混合油：60％齿轮油与 40％N32 机械油
	9	液压油箱			N32 机械油

周期 （h）	图号	润滑部位	点数	方法	润滑剂
1200	8	齿轮箱		过滤沉淀， 必要时更换	混合油：60％齿 轮油与 40％N32 机 械油
	9	液压油箱			N32 机械油

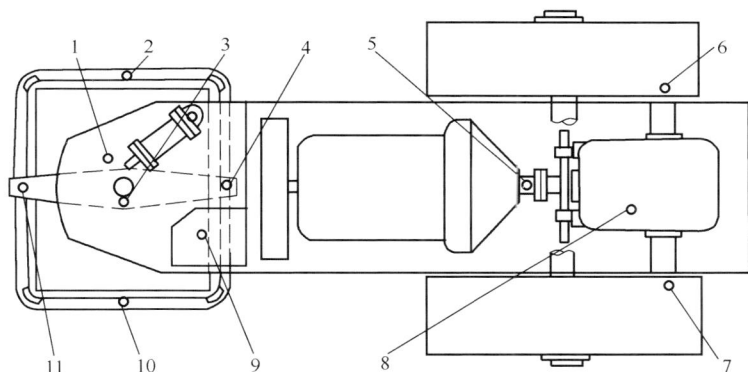

图 9-1　3Y12/15 型压路机润滑图

第二节　YZJ10B 型压路机的维护和保养

1. 每班保养

（1）检查各部连接固定情况。紧固松动的螺母、螺栓、轴销、锁销，清除松动和渗漏。

（2）检查齿轮箱和轴承的工作情况。齿轮箱、各传动齿轮、后传动轴和碾压轮轴承工作时应无温度过高现象。

（3）检查轮胎气压。轮胎标定气压为 0.18～0.25MPa，气压过低应充气至规定值。

（4）检查离合器工作情况。离合器应结合充分，传动平稳无打滑，分离彻底无拖滞。

（5）检查变速、换向工作情况。变速器各挡位应变换轻便、灵活，换向离合器工作良好。

（6）检查转向系统的工作情况。转向操纵应轻便、灵敏，无拖滞和抖动。

（7）检查制动系统的工作情况。脚制动、手制动应工作良好，制动可靠，解除制动彻底无拖滞；踏板、拉杆、摇臂等件铰接处，应无松旷或卡滞。

（8）检查起振装置的工作情况。低速或中速开动压路机后，检查起振装置是否工作可靠。

（9）检查电气设备工作情况。各照明灯、仪表灯、喇叭、电风扇应齐全有效，接线牢靠。

（10）按润滑图表加注润滑油脂。

（11）擦拭机械、清理工具。作业（行驶）结束后，清除各部泥土、油污，清点、整理工具和附件。

2. 一级保养（每工作 100h 进行）

（1）完成每班保养。

（2）检查加注润滑油和液压油。振动轮、变速器、差速器、液压油箱内油液数量不足时，按标定油位加注润滑油和液压油。

（3）检查调整离合器踏板自由行程。踏板自由行程正常值为 15～25mm。

（4）检查调整方向盘自由行程。方向盘自由行程正常值为 8°（单边），行程过大应排除油路中空气或调整各铰接处间隙。

（5）检查调整制动器间隙。制动器处于放松状态时，制动带与制动鼓的正常间隙为：制动带两端 1～2.5mm，中部 0.5～1.5mm。

3. 二级保养（每工作 300h 进行，应有专业维护保养人员完成）

（1）完成一级保养。

（2）排放润滑油、液压油沉淀物。压路机停放 6h 后，放出副齿轮箱、变速器、液压油箱底部沉淀物，按规定加注润滑油和液压油。

（3）检查调整离合器间隙。离合器处于松放状态时，分离轴承与分离杠杆间应保持 2～3mm 的间隙，限位螺钉与中间压盘应保持 1mm 的间隙，各分离杠杆的高度相差不得超过 0.25mm，否则的应作调整。

（4）检查调整换向离合器间隙。换向离合器应结合充分，分离彻底。需调整时，拉出调整架上的定位销，顺时针转动调整架间隙减小，反之间隙增大，调整后上好定位销。必要时可改变操纵拉杆的长度配合调整。

（5）检查调整液压系统压力。振动油路系统压力为 14～15MPa，转向油路系统压力为 10MPa。

4. 三级保养（每工作 900h 进行，应有专业维护保养人员完成）

（1）完成二级保养。

（2）更换振动轮内润滑油。利用余热放出振动轮内的润滑油，按规定加注新油。

（3）过滤润滑油，清洗传动箱、副齿轮箱。利用余热放净传动箱和副齿轮箱内的润滑油，用清洗液洗净内腔后，按规定加注过滤沉淀后的润滑油，油液变质则应换新汩。

（4）过滤沉淀液压油。利用余热放净液压系统内的全部油液，用清洗液清洗液压油箱，按规定加注过滤沉淀后的液压油，并排除系统内的空气。

（5）拆检制动器。分解脚制动器和手制动器，摩擦片上有油污应清洗干净，磨损过甚应换铆新摩擦片。

（6）拆检换向离合器。分解清洗各零件，摩擦片磨损后应换新片，弹簧失效、轴销磨损应更换。

（7）整机修整。补换缺损的螺母、螺钉、轴销、锁销，焊补、铆合断裂开焊破损部位，校正变形部件。

5. 润滑图表

YZJ10B 型振动式压路机润滑，见图 9-2 及表 9-2。

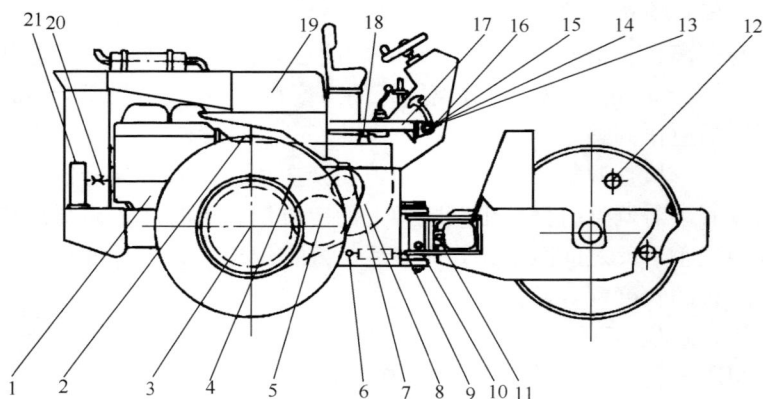

图 9-2　YZJ10B 型振动式压路机润滑图

YZJ10B 型振动式压路机润滑表　　　　　　　　　　　表 9-2

周期 （h）	图号	润滑部位	点数	方法	润滑剂
8	1	发动机曲轴箱	1	检、加	夏季：CC-40 号发动机油 冬季：CC-20 号发动机油
	4	侧传动齿轮	2	涂抹	钙基润滑脂
	8	变速器		检、加	夏季：18 号齿轮油 冬季：18 号合成齿轮油
	20	副齿轮箱			夏季：CC-40 号发动机油 冬季：CC-20 号发动机油
50	2	主离合器松放轴承	2	油枪 注入	4 号钙基润滑脂
	5	侧传动中间齿轮轴承	2		
	6	转向液压缸 后支座轴承	2		
	7	换向离合器压紧轴承	2		
	9	转向液压缸销轴	2		

周期 （h）	图号	润滑部位	点数	方法	润滑剂
50	10	铰接架垂直销轴	1	油枪 注入	4号钙基润滑脂
	11	铰接架横销轴	1		
	13	制动踏板	1		
	14	制动踏板轴支座	1		
	15	主离合器踏板	1		
	16	主离合器踏板轴支座	1		
	17	变速拉杆座	1		
	19	制动铰接点	1		
	21	传动轴	3		
100	12	振动轮振动轴轴承	2	检、加	发动机油
	18	液压油箱	1		40号低温液压油
900	3	驱动轮轮毂轴承	2	加注	4号钙基润滑脂
	12	振动轮振动轴轴承	2	更换	发动机油
	20	副齿轮箱	1	过滤沉淀，必要时更换	夏季：CC-40号发动机油 冬季：CC-20号发动机油
	8	变速器	1		夏季：18号齿轮油 冬季：18号合成齿轮油
	18	液压油箱	1		40号低温液压油

第三节 常见故障原因和排除方法

1. 发动机的常见故障及排除方法，见下表。

发动机常见故障原因与排除方法

故障现象	故障原因	排除方法
启动机 （发动机） 不转	1）电路接线错误或接触不良。 2）启动按钮损坏或接触不良。 3）蓄电池电压不足。 4）启动机（电动机、啮合机构和离合机构等）损坏	1）检查线路并保持良好的接触。 2）修理或更换启动按钮。 3）重新充电或更换蓄电池。 4）修理或更换

故障现象	故障原因	排除方法
起动转速低	1）蓄电池电压过低。 2）机油过黏，特别是在冬天使用了黏度大的机油。 3）在冬季使用燃油不当而析出石蜡，阻塞油路，造成供油不足。 4）燃油管路内有空气泄漏	1）重新充电或更换蓄电池。 2）按规定更换机油。 3）按规定更换燃油。 4）用手动输油泵排除空气，并保证管路密封
排气管无烟或仅冒出小股烟	1）燃油箱缺油或开关未打开。 2）燃油系油路堵塞。 3）油路内有空气。 4）输油泵不供油或断续供油。 5）喷油泵柱塞或出油阀卡死或严重磨损。 6）喷油器针阀卡死或喷孔堵塞或雾化不良。 7）喷油压力太低	1）加油或打开放油开关。 2）清洗油路，清洗或更换柴油滤清器。 3）用手动输油泵排除空气，并检查油路中有无漏气处。 4）检查输油泵各阀门及弹簧的弹性，进出油管接头处是否密封。 5）修理或更换柱塞或出油阀偶件。 6）清洗、检查或更换喷油器。 7）检查并调整喷油器压力
气缸内气体压力不足，表现为喷油正常但不发火或迟发火	1）气门漏气。 2）气门密封不严，结合面上有积炭。 3）气门杆在导管中卡死。 4）气门弹簧折断	1）研磨气门。 2）按规定调整气门间隙。 3）用煤油或柴油清洗，必要时更换。 4）转动曲轴使活塞在气缸的上止点后再更换气门弹簧

故障现象	故障原因	排除方法
发动机乏力，加大油门后功率不大，转速不高	1）燃油系进入空气或燃油滤清器阻力过大，流量太小。 2）喷油泵供油不足或柱塞卡住 3）喷油器雾化不良或喷射压力低	1）排除空气或更换燃油滤清器滤芯。 2）修理或更换柱塞配件。 3）在喷油器试验台上检查喷雾状况与喷射压力并做调整，必要时更换喷油器
机油压力不正常机油压力过高	1）机油滤清器调压弹簧过硬。 2）机油过黏或变质。 3）外界温度过低。 4）主油道或油管轻微堵塞	1）更换机油滤清器。 2）更换机油。 3）发动机充分预热使机油温度达45℃左右。 4）清洗主油道或机油管
机油压力过低	1）油底壳内机油油面过低或机油过稀。 2）机油泵磨损过度。 3）机油泵上的限压阀、滤清器上的安全调压阀调整不当。 4）油管接头松动、漏油。 5）主轴承、连杆轴承、增压轴承（增压机型）磨损过度、间隙过大。 6）机油泵内进气	1）加注机油或更换合格的机油。 2）修理或更换。 3）检查、调整限压阀、更换机油滤清器。 4）检查并拧紧。 5）检查修理或更换轴承。 6）排除空气
无油压	1）油压传感器或油压表失灵。 2）油道堵塞。 3）机油泵损坏或严重磨损。 4）机油泵调压阀失灵或调压弹簧折断	1）更换。 2）清洗油道并吹净。 3）更换。 4）修理调压阀，更换调压弹簧

故障现象	故障原因	排除方法
冒黑烟：燃烧不良	1）负荷过大。喷油器过迟，部分燃料在排气管中燃烧。 2）喷油器雾化不足，有滴油现象。 3）空气滤清器阻力过大。 4）中冷器（增压机型）污染严重。 5）燃油质量太差。 6）气门间隙不正确，气门密封不严	1）减轻负荷或调整喷油泵油量。 2）检查并调整供油提前角。 3）清洗喷油泵，调整喷油压力，或更换喷油器。 4）保养或更换空气滤清器滤芯。 5）清除灰尘和脏污物。 6）更换为合格的柴油。 7）检查并调整气门间隙，消除缺陷。 8）必要时更换气门并研磨
冒白烟：发动机过冷，燃烧温度低	1）发动机预热不够或个别缸不燃烧。 2）柴油中有水。 3）气缸压缩压力不足。 4）喷油器雾化不足，有滴油现象或喷油压力低	1）预热到机油45℃左右再逐渐增大负荷或适当提高转速预热。 2）更换柴油。 3）按"启动困难"的相应方法排除。 4）检查并清洗喷油器，调整喷射压力（在专门的喷油器压力试验台上）
冒蓝烟：机油参与燃烧或机油过量消耗	1）油底壳油面太高，机油窜入气缸。 2）油浴式空气滤清器内机油液面过高。 3）活塞环磨损过度或结焦或断裂。 4）活塞环相互对口，造成机油窜入气缸。 5）活塞与气缸磨损过度，配缸间隙过大。如空气滤清器效率下降，进气管漏气，长期在低负荷下运转（低于40%标定功率）等	1）停车15min后检查油面高度，放出多余机油至规定油面。 2）倒掉部分机油，使油面与标记齐平。 3）清洗或更换活塞环。 4）重新安装活塞环。 5）更换活塞或气缸体，配套时选用功率要适当，不应长期在低负荷下运转

故障现象	故障原因	排除方法
转速不稳	1）调速器调速弹簧变形。 2）调速器飞锤摆动不灵活、发涩。 3）飞锤销孔磨损、松动。 4）调速器拨叉固定螺钉松动	1）更换。 2）拆检修理。 3）修理或更换。 4）检查并拧紧螺钉
各缸工作不均匀有间断爆发现象	1）天气太冷，发动机预热不够。 2）柴油系统中有空气。 3）各缸供油不一致，喷油泵各缸供油不一致：个别喷油器质量不好或喷油器针阀卡死。喷油泵个别柱塞卡死；喷油泵个别柱塞弹簧、出油阀弹簧损坏。 4）柴油质量不好或油中有水。 5）个别气缸压缩压力不足	1）口速运转至机油温度达 40～45℃。 2）用手动输油泵排除油路中的空气。 3）检查喷油泵及喷油器。顺序停止各缸喷油，以判定喷油器质量，再清洗、修理或更换。 4）清洗油箱、油路，更换为合格柴油。 5）安"启动困难"的相应方法排除
飞车（转速超过标定转速110%）	1）油门拉杆卡死在最大位置。 2）喷油泵调速器内机油油面过高。 3）高速限位螺钉松动。 4）喷油泵柱塞弹簧折断。 5）调节齿圈紧固螺钉松动	用切断供油油管和堵塞进气口的方法立即停车，检查、更换和修理故障处

故障现象	故障原因	排除方法
发动机突然停车	1）燃油用尽。 2）燃油系统内进入空气或油管破裂、接头松脱。 3）燃油中有水。 4）燃油滤清器堵塞。 5）进气管或空气滤清器堵塞。 6）喷油泵柱塞卡死。 7）喷油泵柱塞弹簧断裂。 8）调速器调速弹簧断裂。 9）气门弹簧断裂。 10）气门卡死在气门导管中。 11）主轴承与连杆轴承烧瓦，活塞卡死在气缸中。 12）机油压力过低，自动停车装置起作用。 13）风扇皮带断裂，自动停车装置起作用	1）添加规定的柴油。 2）排除空气，更换油管，拧紧接头。 3）清洗油箱，更换为合格的柴油。 4）检查并清洗，必要时更换滤芯。 5）去除异物，清洗或更换空气滤清器。 6）修理或更换柱塞配件。 7）更换柱塞弹簧。 8）更换调速弹簧。 9）更换气门弹簧。 10）用煤油或柴油清洗或更换。 11）修理或更换。 12）检查油压过低的原因并排除。 13）更换风扇带

2. 传动系统常见故障原因与排除方法，见下表。

传动系统常见故障原因与排除方法

故障现象		故障原因	排除方法
离合器	打滑	1）离合器踏板的自由行程太小。 2）离合器压板与摩擦片表面有污垢。 3）离合器压板与摩擦片接触不均匀，或间隙过大。 4）离合器摩擦片过度磨损。 5）离合器压紧弹簧的弹力不足或折断。 6）离合器操纵杆总长太短	1）调整离合器踏板的自由行程，使其符合技术要求。 2）用煤油或汽油清洗。 3）拆卸调整。 4）更换新摩擦片。 5）调整或更换弹簧。 6）调整拉杆长度

故障现象		故障原因	排除方法
离合器	分离不彻底	1）离合器踏板的自由行程过大。 2）分离杠杆内端高度不在同一平面和分离杠杆调整过低。 3）离合器钢片变形。 4）摩擦片过厚	1）按技术要求调整离合器踏板的自由行程。 2）调整分离杠杆内端在同一个高度面上，并使之具有一定高度。 3）更换离合器钢片。 4）换用标准厚度的摩擦片，将过厚的摩擦片加工到标准厚度
	抖动	1）分离杠杆内端高低不一致。 2）压板和飞轮磨损不均匀。 3）离合器弹簧松紧不一，长短不一。 4）从动盘磨损不均，翘曲变形，缓冲片破裂，铆钉折断或松动，减振弹簧松弛或折断。 5）摩擦片破损，铆钉松动或表面硬化	1）调整分离杠杆内端的高度至一定高度的平面上。 2）磨削飞轮和压板的工作面，使之符合技术要求。 3）调整或更换弹簧。 4）更换从动盘。 5）重新更换摩擦片
	发响	1）分离轴承缺油或卡死。 2）从动盘钢片破裂，摩擦片破损，铆钉松动。 3）分离杠杆销及销孔因磨损而松动	1）加注润滑油。 2）更换从动盘或重铆摩擦片。 3）更换分离杠杆和杠杆销

故障现象		故障原因	排除方法
液力变矩器	供油压力低	1）油箱油位低。 2）油管泄漏或放油塞松动。 3）流到变速器的油过多（压力阀卡在开启位置）。 4）进油管过滤网堵塞。 5）油泵不合格或磨损严重。 6）油起泡沫。 7）溢流阀损坏或卡在开启位置。 8）密封环磨损、破裂或夹入杂质	1）加油到规定油位。 2）排除泄漏，拧紧放油塞。 3）检查离合器压力阀、变矩器旁通阀和变速器从动泵的工作情况。 4）检查、清洗或更换。 5）检查、修理或更换。 6）检查油是否变质，换新油。 7）修理或更换溢流阀。 8）清洗、检修或更换新的密封环
	油温高	1）油位不适当。 2）油压高，压力阀卡在关闭位置。 3）冷却系统水位低。 4）变矩器供油压力低。 5）冷却器、过滤器或管路堵塞。 6）变矩器在低速比（过速或过载）范围作业的时间太长。 7）导轮卡死（单向离合器卡死）。 8）单向离合器无滚柱或弹簧。 9）用油品质不合格	1）加油或排油至规定油位。 2）修理或更换压力阀。 3）加水并检查泄漏原因。 4）提高供油压力。 5）清洗或更换。 6）调整作业周期，改善作业工况，纠正过速或过载。 7）拆卸检修或更换。 8）拆开装上。 9）更换用油
	噪声	1）轴承失效。 2）油泵磨损。 3）与发动机的连接有故障。 4）变矩器连接部分不紧	1）更换轴承。 2）检修或更换。 3）拆卸检修，调整对中。 4）拆卸检修

故障现象		故障原因	排除方法
液力变矩器	功率损失	1）导轮的单向离合器有故障。 2）变矩器供油压力低。 3）变矩器叶轮间有磕碰。 4）轴承磨损	1）修理或更换。 2）提高供油压力。 3）拆检修理。 4）更换轴承
变速器	跳档	1）变速滑轨槽、锁销和定位钢球磨损，或定位球弹簧太软、折断。 2）变速器的齿轮轴线不平行，轮齿磨损过大。 3）变速叉弯曲变形或工作面磨损。 4）齿轮啮合时的接触面积不足。 5）轴承松动	1）更换滑轨、锁销、定位钢球和定位钢球弹簧。 2）检查变速器壳是否变形，轮齿磨损过甚应焊修或更新。 3）校正变速叉，焊修工作面。 4）检查变速叉是否弯曲和固定位置是否符合要求，变速轨的锁定位置是否符合要求。 5）调整轴承的间隙或更新
	乱档	1）变速杆球头定位销松动，损坏或变速杆球头磨损过大。 2）变速杆下端的工作面或变速叉的滑轨槽磨损过大。 3）变速叉滑轨互锁销钉磨损过大，失去互锁作用	1）更换定位销，焊修变速杆球头或更换变速杆。 2）焊修变速杆下端的工作面和变速叉的滑轨槽，更换变速杆和滑轨。 3）更换互锁销钉
	发响	变速器发响，可分有规律撞击声和均匀的噪声两种，前者多为变速器齿轮有个别牙齿破碎而引起的，后者主要是由于： 1）齿轮间隙增大或齿轮损坏。 2）由于齿轮的误差或刚性的变化产生撞击声。 3）花键轴过度磨损。 4）轴承磨损。 5）润滑油过少或过稀	1）更换齿轮对。 2）更换齿轮对。 3）焊修花键轴或换新轴。 4）更换轴承。 5）加注润滑油至规定的油面高度，或更换合适黏度的润滑油

故障现象		故障原因	排除方法
变速器	漏油	1) 油封磨损、硬化或失去弹性。 2) 与油封相配合的变速器轴颈磨损。 3) 变速器壳有裂纹。 4) 衬垫破损或接缝不严密。 5) 油面过高	1) 更换油封。 2) 焊修变速器轴。 3) 更换变速器壳。 4) 更换衬垫。 5) 放出多余的油
	温度过高 （超过60℃）	1) 油量不足。 2) 润滑油的质量不符合要求。 3) 轴承过紧	1) 加注润滑油至标准高度。 2) 更换润滑油。 3) 调整轴承间隙
后桥	异响	1) 齿轮、轴承等零件的过度磨损和损坏。 2) 主、从动锥齿轮啮合不良。 3) 主、从动锥齿轮的轴承间隙调整不当。 4) 轮齿打坏或轴承损坏。 5) 润滑油不足	1) 更换齿轮和轴承。 2) 调整主、从动锥齿轮的啮合间隙和啮合印痕。 3) 调整主、从动锥齿轮的轴承间隙。 4) 更换齿轮或轴承。 5) 加润滑油至标准油面高度
	漏油	1) 润滑油过多。 2) 油封磨损、老化、失去弹性，或安装不当和损坏。 3) 与油封相配合的轴颈磨损。 4) 衬垫损坏或螺栓松动。 5) 通气塞堵塞	1) 放出过量的润滑油。 2) 更换油封。 3) 焊修轴颈并加工至标准尺寸。 4) 更换衬垫，将螺栓扭紧。 5) 清洗通气塞使之畅通
	过热 （60℃以上）	1) 润滑油不足。 2) 齿轮的啮合间隙太小。 3) 轴承调整过紧	1) 加注足够的润滑油。 2) 调整齿轮的啮合间隙。 3) 调整轴承至标准间隙

3. 转向系统常见故障原因与排除方法，见下表。

转向系统常见故障原因与排除方法

故障现象	故障原因	排除方法
漏油	1）阀体、隔盘、定子及后盖结合面漏油。 2）轴颈处胶圈损坏。 3）安装在转向器阀体法兰盘上的配套隔盘漏油。 4）限位螺栓处垫圈不平	1）结合面间有脏物，重新清洗；用力矩扳手重新按要求均匀紧固螺栓；检查并更换有关密封圈。 2）更换胶圈。 3）拆下调节螺钉并更换胶圈。 4）磨平和更换垫圈
转向沉重	1）液压泵供油量不足。 2）转向系统中有空气。 3）阀体内钢球单向阀失效。 4）油液粘度太大。 5）油箱不满。 6）阀块中溢流阀压力低于工作压力；溢流阀被脏物卡住或弹簧失效，密封圈损坏	1）选择合适的液压泵或检查液压泵是否正常。 2）排除系统中的空气，检查吸油管路是否漏气。 3）如钢球丢失，则装入相应大小的钢球；如有脏物卡住钢球，应进行清洗；如单向阀密封带与钢球接触不良，应用钢球冲击。 4）使用推荐黏度的油液。 5）加油至规定的油面高度。 6）调整溢流阀压力或清洗溢流阀；更换弹簧或密封圈
转向失灵	1）弹簧片折断。 2）拔销折断或变形。 3）转子与联轴器的相互位置装错。 4）联轴器开口折断或变形。 5）阀块中双向缓冲阀失灵（钢球被污物卡住或弹簧失效，密封圈损坏）	1）更换已损坏弹簧片，严禁用其他零件代替。 2）更换拔销。 3）按装配要求重新装配。 4）更换联轴器，严禁用其他零件代替。 5）清洗双向缓冲阀或更换弹簧、密封圈

故障现象	故障原因	排除方法
转向盘不能自动回中	1）连接套与阀芯不同心。 2）连接套轴向顶死阀芯。 3）连接套转动阻力太大。 4）弹簧片折断。 5）拔销弯曲	针对故障的发生原因排除
无人力转向	转子与定子的径向间隙与轴向间隙过大	更换转子或定子

4. 制动系统常见故障原因与排除方法。

（1）气压制动系统故障的原因及排除方法，见下表：

气压制动系统故障的原因及排除方法

故障现象	故障原因	排除方法
制动气压无法升高	1）空气压缩机的气缸、活塞和活塞环磨损过度。 2）空气压缩机气阀漏气。 3）带打滑	1）修复空气压缩机。 2）研磨气阀或更换。 3）调整带的紧度
未踏制动踏板时气压下降	1）控制阀或进气阀漏气。 2）各气管接头漏气	1）研磨阀门或更换。 2）上紧各接头或更换
踏下制动踏板后气压不断下降	1）控制阀出气活门漏气。 2）控制阀金属膜片破裂。 3）控制阀至气室的气管或接头漏气。 4）制动气室膜片破裂	1）研磨阀门或更换。 2）更换金属膜片。 3）上紧接头，更换气管。 4）更换气室膜片
制动发咬	1）蹄片间隙过小。 2）蹄片回位弹簧太弱。 3）气室凸轮轴转动困难	1）调整蹄片间隙或更换摩擦片。 2）更换弹簧。 3）铰削衬套和注油润滑

故障现象	故障原因	排除方法
气压正常制动不灵或单边制动	1）踏板有效行程过小。 2）蹄片间隙过大。 3）制动鼓粘有油污，摩擦片铆钉外露	1）调整踏板有效行程。 2）调整蹄片间隙。 3）清洗制动鼓，更换摩擦片，重铆铆钉

（2）液压制动系统故障的原因及排除方法，见下表：

液压制动系统故障的原因及排除方法

故障现象	故障原因	排除方法
制动完全失效	1）总泵推杆销脱落。 2）总泵磨损过度，皮碗损坏，分泵皮碗损坏，油管或接头断损	1）重新安装。 2）更换活塞和皮碗，上紧接头或更换油管
制动效能不良	1）制动蹄片粘有油污，摩擦片磨损过度，以致铆钉外露。 2）制动系统中有空气。 3）踏板自由行程太大。 4）制动蹄片间隙太大。 5）制动鼓失圆	1）查检漏油处并排除，重铆摩擦片。 2）排除制动系统中的空气。 3）调整踏板自由行程。 4）调整制动蹄片间隙。 5）镗磨制动鼓
制动发咬	1）总泵回油孔被污物阻塞。 2）制动踏板没有自由行程。 3）总泵皮碗发胀。 4）总泵皮碗回位后，仍然遮盖回油孔	1）清洗总泵并更换新油。 2）调整踏板自由行程。 3）更换皮碗。 4）调整踏板自由行程，更换活塞回位弹簧
个别车轮发咬	1）蹄片间隙过小。 2）蹄片回位弹簧的弹力太弱。 3）分泵活塞及皮碗发咬。 4）制动蹄校正销钉与偏心环阻力过大。 5）制动软管发胀阻塞	1）调整制动蹄片间隙。 2）更换回位弹簧。 3）更换活塞和皮碗，研磨分泵缸。 4）调整配合间隙。 5）更换制动软管

续表

故障现象	故障原因	排除方法
单边制动	1）个别制动鼓粘有油污。 2）个别制动软管或接头堵塞。 3）个别车轮制动蹄片间隙不当。 4）各车轮制动蹄摩擦片的质量不一致。 5）个别车轮制动蹄摩擦片磨损过甚	1）清洗制动鼓。 2）清洗制动软管和接头。 3）调整制动蹄片间隙。 4）更换摩擦片。 5）更换摩擦片

第十章 职业规范与安全管理

压路机作为一种机动灵活的工程施工工具，在现代生活中的作用不可忽视，安全作业十分重要。压路机操作手要把安全驾驶放在首位，树立安全作业意识，自觉遵守压路机安全操作规程，熟练掌握驾驶操作技术，提高维护保养能力，使压路机处于良好的技术状况，确保驾驶作业中人身、车辆和施工安全。

第一节 压路机操作手的职责

1. 认真钻研业务，熟悉压路机技术性能、结构和工作原理，提高技术水平，做到"四会"，即会使用、会养修、会检查、会排除故障。

2. 严格遵守各种项规章制度和压路机安全操作规程、技术安全规则，加强驾驶作业中的自我保护，不擅离职守，严禁非操作手操作，防止意外事故发生，圆满完成工作任务。

3. 爱护压路机，积极做好压路机的检查、保养、修理工作，保证压路机及其机具、属具清洁完好，保证压路机始终处于完好技术状态。

4. 熟悉压路机作业的基本常识，正确运用操作方法，保证作业质量，爱护装卸物资，节约用油，发挥压路机应有的效能。

5. 养成良好的驾驶作风，不用压路机开玩笑，不在驾驶作业时饮食、闲谈。

6. 严格遵守压路机的使用制度规定，不超载，不超速行驶，不酒后驾驶，不带故障作业，发生故障及时排除。

7. 多班轮换作业时，坚持交班制度，严格交接手续，做到四交：交技术状况和保养情况；交压路机作业任务；交清工具、属具等器材；交注意事项。

8. 及时准确地填写《压路机作业登记表》、《压路机保养（维修）登记表》等原始记录，定期向领导汇报压路机的技术状况。

9. 压路机上路行驶时，应严格遵守交通规则，服从交通警察和公路管理人员的指挥和检查，确保行驶安全。

10. 操作手在驾驶作业中，要持《压路机操作驾驶证》，不准无证件操作压路机。

第二节　安全作业管理

1. 基本安全规定

（1）一般注意事项：

1）先阅读使用说明书，遵守正确的操作顺序；

2）系好安全带，最大限度地利用好防倾翻的保护功能；

3）操作手操作时不得乘载其他人；

4）安全带、侧板、门等保护用具，应整齐地装配在正确的位置上；

5）车辆内的部件要正确地固定，车辆内不需要的物品要予以清理；

（2）上下车时的注意事项：

1）上、下车时使用扶手、脚踏板，扶手、脚踏板上的油污要及时清理干净。

2）不允许在车上随意跳下或不按规定上车。

3）不得上、下正在移动中的车辆。

（3）启动、停止压路机时，应注意的事项：

1）启动时要环视车辆的周围情况，尤其是周围的人员。确认车辆的周围没有其余的人员后，方可启动压路机。

2）启动前确认停车制动是否有效制动、换挡杆是否处于中立位置。

3）启动前调整好车辆的位置，系好安全带。

4）在座椅上坐好后才能进行启动，除此以外的位置不能进行启动。

5）不允许用导线直接进行发动机启动。启动系统发生故障时，要进行修理。

6）点火导线按照指定的方法进行使用。

7）发动机的运转，一定要在换气能够十分畅通的场所进行，在密封的状态下不允许操作。

8）尽可能将车停在平坦的地面上，确认停车制动是否已产生作用，在倾斜的地面上一定要止住车轮。

9）停车后，拔下开关处的钥匙并随身携带。

2. 操作安全规定

（1）作业时，压路机应先起步后起振，发动机应先置于中速，然后再调至高速。

（2）变速与换向时应先停机，变速时应降低发动机转速。

（3）压路机不得在坚实的地面上进行振动。

（4）工作地段的纵坡不应超过压路机的最大爬坡能力，横坡不应大于20°。

（5）变换压路机前进、后退方向时，应待滚轮停止后进行，不得将换向离合器当作制动用。

（6）在新建道路上进行碾压时，应从中间向外侧碾压，碾压时，距路基边缘不应少于0.5m。

（7）碾压松软路基时，应先在不振动情况下碾压1～2遍，然后再振动辗压。

（8）碾压时，振动频率应保持一致。对可调振频的振动压路机，应先调好振动频率后再作业，不得在没有起振情况下调整振动频率。

（9）换向离合器、起振离合器和制动器的调整，应在主离合器脱开后进行。

（10）上、下坡时，不得使用快速挡，下坡时不得空挡滑行。在急转弯时，包括铰接式振动压路机在小转弯绕圈碾压时，严禁使用快速挡。

（11）压路机在高速行驶时不得接合振动。

（12）停机时应先停振，然后将换向机构置于中间位置，变速器置于空挡，最后拉起手制动操纵杆，发动机怠速运转数分钟后熄火。

（13）作业后，应将压路机停放在平坦坚实处，并制动，不得停放在土路边缘及斜坡上，也不得停放在妨碍交通的地方。

（14）严寒季节停机时，应将滚轮用木板垫离地面。

3. 压路机的维护保养安全规定

（1）维护保养作业必须在停机时进行，并在驾驶室外悬挂"正在检修，不许发动！"的警告牌，或采取其他可靠的措施。

（2）用千斤顶把压路机支撑起，若人在机械下工作时，必须用枕木把压路机垫稳，同时用手刹使机械可靠制动。

（3）拆卸轮胎时，必须先放气。

（4）清洁、检查和保养电瓶时，要严防短路爆炸和硫酸烧伤事故。